AF226149

HISTOIRE

NATURELLE

DE L'AIR

ET

DES MÉTÉORES.

HISTOIRE
NATURELLE
DE L'AIR

ET

DES MÉTÉORES,

Par M. l'Abbé RICHARD.

TOME SEPTIEME.

A PARIS,

Chez SAILLANT & NYON, Libraires,
rue Saint-Jean-de-Beauvais.

M. DCC. LXXI.

Avec Approbation, & Privilège du Roi.

TABLE
DES TITRES
DU TOME SEPTIEME.

HISTOIRE

HISTOIRE
NATURELLE
DE L'AIR
ET
DES MÉTÉORES.

INTRODUCTION.

Les grands phénomènes de la nature ne portent à l'ame que des idées majestueuses & quelquefois terribles, qu'elle n'a pas toujours assez de force pour soutenir. La ter-

Tome VII.   A

reur prend la place de l'admiration, au lieu d'obferver l'homme tremble : le fouffle agréable des zéphirs ne lui paroît plus que le germe de ces vents impétueux qui doivent former les ouragans les plus formidables.

Il n'eft plus en état de jouir du fpectacle de la nature fi intéreffant & fi varié ; tout eft pour lui un fujet d'allarmes. Le parélie le plus brillant ne lui annonce par fes couleurs éclatantes, qu'un trouble univerfel dans l'ordre moral : il ne voit dans les parafélènes que des entreprifes dangereufes, des trahifons obfcures ; il fatigue fon imagination, il fouille dans les faftes les plus apocrifes pour trouver des faits qui viennent à l'appui de fes craintes chimériques *(a)*.

(a) La plupart de nos hiftoriens n'ont parlé qu'avec effroi d'un phénomène fingulier qui parut en 1202 fous le règne de Philippe Augufte, dans le tems du meurtre

Mais pourquoi ces erreurs si uni-
versellement répandues ? Pourquoi
les éclipses, les comètes, les météores singuliers & errans, enfin
tous les phénomènes qui paroissent
sortir de la marche ordinaire de la
nature font-ils partout trembler le
peuple ? Nous en trouvons la cause,
dans l'origine même du monde ;
dans cet état d'ignorance ou les
hommes croupirent si long-tems :
lorsque les habitans de la terre sans

---

d'Artus, duc de Bretagne, par Jean Sans-
Terre, roi d'Angleterre : il parut, disent-
ils, cinq lunes en même-tems ; la premiere
au nord, la seconde au midi, la troisieme
à l'occident, la quatrieme à l'orient, la
cinquieme au zénith, environnée d'étoiles avec lesquelles elle tourna cinq ou six
tours à l'entour des autres, puis le tout
disparut. (*Mezerai, tom.* 1 *pag.* 494.)
On voit ce que la crédulité & l'amour du
merveilleux ont pu ajouter à l'observation
qui sans doute ne fut faite qu'en tremblant : mais il passoit alors pour constant
que ces parasélènes avoient annoncé à
toute la terre l'assassinat du duc de Bretagne.

correſpondance les uns avec les
autres, errans dans les forêts, d'où
ils tiroient leur ſubſiſtance, témoins
des phénomènes étonnans du feu,
ſe perſuadoient que la terre qu'ils
habitoient, étoit au moment de
ſa deſtruction. Ils ſouffrirent de
ces déſaſtres : la mémoire s'en con-
ſerva : les pères effrayés racontèrent
à leurs enfans les malheurs que leurs
ancêtres avoient éprouvé : ils pei-
gnirent avec les expreſſions les plus
fortes d'une imagination allarmée
les ſignes qui les avoient annon-
cés ; ils tremblèrent, & ils tremblent encore à la moindre apparence de ces phénomènes, qu'ils
regardent comme les avant-coureurs
de quelques révolutions ſiniſtres.
Ils crurent ſouvent les voir, où ils
n'exiſtoient pas : la frayeur entre-
tint en eux une inquiétude qui les
promena dans la région des chi-
mères : ils ne s'occupèrent plus que
de ſpectacles extraordinaires : le
naturel céda partout au merveilleux:
ils s'accoutumèrent à ſe laiſſer ſé-

duire par les idées les plus gigantef-
ques, & les plus hors de la nature:
les chofes les plus difficiles & les
plus outrées leur parurent une fuite
de ce que leur annonçoient des mouvemens, dont ils ne vouloient pas
connoître la caufe.

» « Les enfans, dit un poëte phi-
» lofophe, s'effrayent de tout dans
» les ténèbres de la nuit; ils trem-
» blent au moindre bruit; ils fe
» forment mille fantômes imagi-
» naires qu'ils croient voir & tou-
» cher; & comment ne feroient-ils
» pas eux - mêmes les artifans de
» leurs erreurs! leurs parens, leurs
» guides, leurs maîtres, font affec-
» tés des mêmes terreurs en plein
» jour; la lumière du foleil n'eft
» pas capable de les diffiper: la plu-
» part des phénomènes qu'ils ap-
» perçoivent au ciel & fur la terre,
» tiennent les fonctions de leurs
» ames fufpendues par l'effroi; l'i-
» gnorance des caufes les force d'af-
» fujétir la nature à un pouvoir
» furnaturel & tyrannique, toujours

» armé pour leur malheur & leur
» deſtruction ; parce qu'ils ignorent
» ce qui peut ou ne peut point exiſ-
» ter, & les limites invariables que
» cette puiſſance ſuprême dont ils
» ſe font une fauſſe idée, a preſ-
» crites à l'énergie de chaque être....
» Cette première erreur ne peut que
» les égarer de plus en plus, & de-là
» que de maux pour le reſte de leurs
» jours ! (a)

(a) Nam veluti pueri trepidant, atque omnia
  cæcis,

 In tenebris metuunt ; ſic nos in luce time-
  mus,

 Interdum, nihilo quæ ſunt metuenda magis, quam

 Quæ pueri in tenebris pavitant, fingunt-
  que futura.

 . . . .

 Cœtera quæ fieri in terris, cœloque ruen-
  tur,

 Mortales pavidis cum pendent mentibu'
  ſæpe,

 Efficiunt animos humiles formidine di-
  vum.....

Leur ame se plie donc dès leur
tendre jeunesse à cette malheureuse
habitude, de tout craindre, de s'effrayer de tout; & s'ils restent dans
l'ignorance de leurs premieres années, leurs jours infortunés ne sont
plus qu'un tissu de craintes qui se
succèdent. Ils tremblent sans cesse,
jusqu'à ce qu'ils aient le bonheur
de tomber entre les mains de guides plus habiles, qui leur fassent
puiser dans l'étude de la nature,
& dans la connoissance de ses phénomènes, des idées nouvelles qui

---

Et dominos acres adsciscunt, omnia posse,
Quos miseri credunt, ignari quid queat
  esse,
Quid nequeat, finita potestas denique
  cuique,
Quanam sit ratione atque alte terminus
  hærens;
Quo magis errantes totâ regione ferun-
  tur......
Inde videre licet, qualis jam vita sequatur.

Lucret. de rerum natura, lib. VI.

A iv

les raſſurent, en leur perſuadant
que les objets de leurs frayeurs n'a-
voient rien de réel.

C'eſt ce que firent les premiers
philoſophes ; ils oſèrent pénétrer
dans le ſanctuaire de la nature; ils
dévoilèrent l'ordre de ſa marche ;
ils la firent connoître à ceux qui
voulurent les écouter & les croire ;
ils les conduiſirent inſenſiblement
de la connoiſſance des vérités ſenſibles, à celles qui ne ſont qu'in-
tellectuelles. Pour leur apprendre
de quels effets étonnans la nature
eſt capable ; ils leur firent examiner
les productions qui ſe trouvent le
plus à leur portée & ſous leurs
mains : ils ſuivirent cette chaîne
admirable qui en lie tous les effets ;
ils ne purent pas les connoître tous ;
mais perſuadés que les cauſes premières exiſtent & agiſſent ſans ceſſe,
ils en ſaiſirent quelques réſultats,
& apprirent, par leur expérience,
que leurs vues étoient trop bornées,
trop foibles, pour s'étendre plus
loin.

Dans tous les tems on a fuivi cette méthode pour arriver à une inftruction folide & utile. A en juger par les progrès que l'on a fait depuis près de deux fiècles dans la connoiffance de la nature, il femble qu'il refte peu à découvrir, & que l'on n'attende plus qu'un génie affez vafte pour combiner les obfervations faites dans tous les climats, de l'équateur aux deux poles, & en former un fyftême général, fur la vérité duquel les fiècles à venir puiffent compter, & qui affure à fon inventeur une gloire qui paffera jufqu'à la poftérité la plus reculée. Mais on eft encore loin de ce terme, tous les fyftêmes formés jufqu'à ce jour par des génies du premier ordre, n'ont eu qu'une durée éphémère; les loix générales qu'ils avoient établies, comme émanées des regles mêmes auxquelles la nature eft conftamment attachée, ont été réduites à leur jufte valeur, après que le premier enthoufiafme qu'infpirent les nouveautés hardies

& bien préfentées s'eft refroidi : on a vu qu'il falloit en revenir à l'obfervation & à l'expérience , & que l'on ne connoiffoit encore que quelques vérités générales , indépendantes de tous les fyftêmes.

Telle eft celle de l'action du feu fur toute la matière , de ce principe du mouvement qui fe manifefte fous une multitude de formes différentes: on fçait en général qu'il exifte dans tous les corps, qu'il leur donne la vie & l'action : mais quelle eft fon effence? eft-ce une portion de la matière très-fubtilifée dont les propriétés font fort au-deffus de celles de la matière qui tombe fous les fens, qui fert à entretenir dans la maffe de l'univers l'harmonie & le mouvement général que lui imprima le créateur au fortir de fes mains?

Tout ce que l'on en fçait de plus précis & qui étoit connu des anciens auffi bien que de nous, c'eft qu'il exifte dans tous les corps, dans cette maffe lourde, compacte & froide, fur laquelle nous habitons, comme dans l'air & jufques dans les profondeurs de l'océan. Ses effets connus partout ne nous laiffent aucun lieu de douter de fon exiftence : cependant invifible, il ne peut être apperçu que dans fes effets. C'eft ainfi que l'ame fait circuler les efprits dans le corps qu'elle anime, augmente fa chaleur, dirige fes mouvemens, & donne aux nerfs leur vigueur : c'eft pour cela que le feu a été appellé l'ame du monde.

Nous ne fommes plus dans ces fiècles d'ignorance & de barbarie, pendant lefquels toute combinaifon rare de la matière, paroiffoit un prodige. Les chofes ont changé de face : les effets du feu font connus : les aurores boréales ne font plus des armées de combattans répandues dans l'air, qui annoncent la ruine des états & la deftruction des peuples : on ne les confidère plus que comme un des effets les plus admirables d'un phlogiftique extrêmement atténué, répandu dans la ré-

gion fupérieure de l'air , comme
une de ces combinaifons brillantes
de la matière , par lefquelles la nature bienfaifante femble dédom-
mager les peuples du nord de la
rigueur du froid , & des longues
nuits auxquels ils font expofés dans
la plus trifte faifon.

Le feu répandu dans tout le globe, dans les eaux, dans la glace
même, eft la caufe conftante des
exhalaifons, des vapeurs de toutes
fortes, qui s'échappent fans ceffe
de tous les corps, qui fe difperfent
dans l'air, produifent par leurs mélanges divers des corps apparens,
fur lefquels fe peignent une multitude de phénomènes. Elles varient
le fpectacle de ce vafte efpace de
l'air ouvert à nos fpéculations; tantôt elles les couvrent de nuages,
tantôt plus raréfiées, elles nous le
laiffent confidérer dans toute fon
étendue fous une couleur uniforme
& douce, fymbole de la férénité.
Mêlées d'exhalaifons fulfureufes,
d'un phlogiftique dominant, elles

ſervent à la génération des éclairs & des foudres : en moindre quantité, elles ne produiſent que des petits météores, plus curieux, plus amuſans que formidables : enfin modifiées par le feu ou le principe du mouvement, elles prennent mille formes différentes.

Il eſt ſenſible que la chaleur du ſoleil contribue beaucoup à cette évaporation générale : mais comme elle ne pénètre qu'une couche mince de la ſuperficie de la terre, que les pluies les plus abondantes ne l'humectent pas au-delà de cinq à ſix pieds, & que ſi peu d'épaiſſeur ne pourroit pas fournir la matière d'une évaporation auſſi abondante que celle qui ſe fait d'ordinaire ; il faut admettre un autre principe de chaleur & de mouvement intérieur, une eſpèce de ſoleil terreſtre, inviſible ; un feu généralement répandu, qui agiſſant de concert avec le ſoleil, contribue à l'entretien de la fécondité & du mouvement extérieur, tandis qu'il agit ſeul dans les profondeurs du globe, où l'on ne peut pas attribuer à une autre cause, la production des minéraux & leur régénération dans les espèces de matrices que la nature a destinées à leur formation.

Les effets de ce feu interne se manifestent sur-tout dans les régions de la terre, où il a une issue plus libre, où son action est plus développée ; dans le voisinage de ces soupiraux toujours enflammés, d'où il se répand du sein de la terre dans l'air, & vient avec un appareil éclatant joindre son action à celle du soleil. Quelles terres plus fertiles que celles des environs du Vésuve, de la Pouille, & de toute la terre de Labour, au royaume de Naples ! la Sicile, qui fut le grenier de Rome dans le tems de sa plus grande population, est encore de la même fertilité. Les eaux chaudes de Bath, qui indiquent la présence de ce feu, ne désignent-elles pas la cause de la fécondité extraordinaire du comté de Sommerset ?

La Hongrie est une des régions les plus riches & les plus fertiles de l'Europe. En Islande même, pendant le peu de tems que le sol y est débarrassé des glaces & des neiges qui le couvrent la plus grande partie de l'année, la végétation se fait avec une force & une promptitude singulières.

Si l'on jette un coup d'œil sur l'autre hémisphère, on verra les terres voisines des volcans enflammés ou éteints, de la plus grande fertilité. On reconnoîtra également dans toutes les parties de la terre, de ces fourneaux souterrains qui élèvent de cavités en cavités, les eaux qui y sont renfermées à une très-grande profondeur, les distillent & les rassemblent dans les réservoirs immenses d'où les fontaines tirent leur origine.

Les plus terribles phénomènes de ce feu caché sont les tremblemens de terre; ils sont la plus grande preuve de son activité & de sa force. Quel espace immense du globe ne

parcourt-il pas avec la plus grande
rapidité, & à une telle profondeur,
qu'aucune tentative de l'art ne
pourra jamais réuſſir à nous en donner une idée ſatisfaiſante. Pline a
bien dit que le tremblement de
tetre n'avoit pas une autre cauſe
que le tonnerre dans la nuée ; mais
quelle différence d'un corps auſſi
léger, auſſi facile à ébranler qu'une
nuée, ſi on la compare à cette immenſe étendue de terrein qu'un
tremblement de terre parcourt &
qu'il agite des plus violentes ſe-
couſſes : dans l'un & dans l'autre,
c'eſt la matière ignée qui lutte contre la force qui lui réſiſte, & qui
cherche à ſe mettre en liberté (a).

Tels ſont les effets du feu élé-
mentaire raſſemblés dans un endroit déterminé, où il développe

---

(a) *Neque aliud eſt in terra tremor, quam
in nube tonitruum ; nec hiatus aliud quam
cum fulmen erumpit : incluſo ſpiritu luc-
tante & ad libertatem exire nitente.* Plin.
Hiſt. Nat. lib. 2, cap. 79.

toute fon énergie. Les fuites en font toujours formidables; difperfés ils font la fource de notre bonheur & de nos richeffes. Leur action eft fi douce, fi bien mefurée, que ravis d'admiration à la vue de la puiffance fuprême qui difpofe à fon gré d'un agent fi fécond, nous oublions la caufe feconde, pour fixer toute notre attention fur la caufe première, comme à celle à qui nous devons le tribut de notre reconnoiffance & de nos hommages. Mais n'eft-il pas important de connoître la feconde, pour faifir les inftans favorables de mettre à profit fon action ?

C'eft l'idée de ces deux caufes combinées qui donna naiffance au culte du feu, parmi les peuples du monde les plus anciens & les plus policés, qui y fubfifte encore, dans leurs reftes infortunés, qui gémiffent fous un pouvoir tyrannique. On le retrouve même dans l'ignorance profonde & la groffièreté ftupide de quelques habitans des terres boréales, qui, dans l'horreur des frimats, dont ils font prefque toujours accablés, reconnoiffent l'action vivifiante du feu fur la matière (*a*).

De-là, parmi les Mythologiftes anciens, le mariage tant célébré de Vénus avec Vulcain, qui n'eft que l'expreffion allégorique du principe général de fécondité répandu dans toute la nature, & dont le feu eft l'inftrument le plus actif & le plus néceffaire. Les phénomènes étonnans de ce feu donnèrent l'idée de ces combats violens de la matière contre la matière : les éruptions des

______

(*a*) Nous jettâmes l'ancre près du rivage (de la nouvelle Zemble) à une bonne profondeur, & comme le tems étoit très-clair, nous vîmes, a quelque diftance, environ trente hommes qui paroiffoient plus barbares qu'aucun de ceux que nous euffions encore rencontrés. Ils étoient armés d'arcs & de fléches, & à genoux pour adorer le foleil couchant. . . . *Voyage au nord de l'Europe, dans l'hiftoire des découvertes des Européens, tom. VII. pag.* 157.

volcans, les habitations englouties, les montagnes bouleverſées, qui portoient imprimés ſur leurs ruines, les veſtiges d'un feu trop conſidérable, le firent regarder dans ces inſtans comme une divinité furieuſe, aux fougues de laquelle il étoit impoſſible de réſiſter. On en fit le terrible Mars, dont les charmes de Vénus, & les droits qu'elle s'éroit acquis ſur ſon cœur, pouvoient ſeuls arrêter l'impétuoſité. Il n'y avoit que Vénus qui pût aſſoupir & ſuſpendre ſur la terre & dans le ſein des eaux les fureurs d'une guerre deſtructive : elle ſeule pouvoit faire goûter aux mortels les douceurs de l'abondance dans le ſein de la paix.

Après les plus violens orages, la nature qui rentre dans ſes droits, & dont ce feu terrible qui ſembloit prêt à tout bouleverſer, reconnoît enfin les loix & s'y ſoumet, développe ſa puiſſance productrice avec l'appareil le plus touchant. La terre émue par la tempête en a reçu de nouveaux principes de fertilité, tout s'y montre fous l'afpect de la fraîcheur, de la gaieté, de l'abondance. Chargée de fleurs & de fruits, elle contente les defirs, en même-tems qu'elle donne de nouvelles efpérances. Comblée des faveurs du ciel, elle étale fes productions avec une magnificence fuperbe : les injures de l'air deviennent des faveurs pour elle, les tempêtes renouvellent fa fécondité (a). Quel changement merveilleux ! des feux effrayans, des bruits redoublés, des éclats impétueux, font remplacés par un calme heureux, par une chaleur douce & bienfaifante. Que le

---

(a) Ogni valle, ogni piaggia, ogni campagna,
   Carca piu ché mai fuffe,
  Veggio d' erbe, e di fior lieta e ridente,
 Dé i favori del' cielo infuperbire.
   O Meraviglie ! adunque,
 Fien' l'ingiurie del' cielo,
   Favori della terra,
  Le tempefte del ciel' , feme de i campi.....

   La filli di fciro del Bonarelli, atto 1. *fcena* 1.

fpectacle de la nature eft alors intéreffant & gracieux! tout s'y montre fous l'apparence d'une volupté
fimple & pure. C'eft ce que les plus
fenfibles de tous les hommes, ces
Grecs ingénieux qui les premiers
parlèrent le langage des dieux, auxquels leur imagination avoit donné
l'exiftence, repréfentèrent dans les
amours de Mars & de Vénus.

Il eût été trop difficile d'élever
d'abord les efprits du vulgaire jufqu'à la connoiffance des grandes
vérités phyfiques : comment lui
perfuader que ces mouvemens con-
vulfifs dont la terre étoit agitée,
ces bruits fouterrains qui l'épou-
vantoient, n'étoient que l'effet du
feu, tandis qu'une ancienne tradition lui faifoit croire que tout ce
fracas étoit occafionné par la fu-
reur des dieux infernaux, qui de
tems à autres fe manifeftoient à lui
fous la figure d'ombres effrayantes,
armées de feux dévorans ? c'étoit
ainfi qu'il voyoit les éruptions accompagnées de flammes & de fu-
mées.

Il falloit une longue suite de siècles, des expériences & des observations multipliées sur la marche
de la nature & ses phénomènes les
plus éclatans, pour se persuader
que du sein des plus fortes révolutions naissoient l'ordre, l'abondance
& la tranquillité. C'est ce que les
premiers observateurs représentè-
rent sous l'emblême du dieu de la
guerre, qui du sein des allarmes se
jette dans les bras de la mère des
amours. Mars conserve dans son
repos, dans les bras mêmes de Vénus, où il ne respire que la volupté,
toute son activité naturelle. Ses regards sont tendres, mais pleins de
feu, ses mouvemens les plus doux,
ceux qui expriment sa passion avec
le plus d'énergie, sans avoir plus
rien d'impétueux, ont une vivacité, une expression dont lui seul
est capable; son silence, & l'ivresse
de la volupté, peignent en lui toute
la force de l'amour. Vénus se livre
à ses embrassemens, lui prodigue
des caresses dont la douceur semble

anéantir cette agitation violente qu'elle redoute, parce qu'elle le dérobe à ſes empreſſemens : elle n'eſt occupée qu'à lui inſpirer des ſentimens plus doux, un goût fixe pour la tranquillité & la paix, par les attraits de la volupté. L'intérêt des humains lui fait développer toutes ſes reſſources pour retenir dans ſes bras ce dieu ſi violent.

Telles furent les idées que la connoiſſance de la nature & des phénomènes du feu, du déſordre qu'ils cauſent en certaines ſaiſons, de la fertilité qui les ſuit, de l'équilibre où il doit être pour qu'il concourre à la production de tous les êtres, ſans allumer des incendies, inſpirèrent aux premiers poëtes, qui furent en même-tems les philoſophes & les légiſlateurs des ſociétés dans leſquelles ils vécurent. Ce n'eſt pas ici le lieu d'expliquer comment ces figures prirent enſuite la place de la réalité; pourquoi le vulgaire ne vit plus qu'une Vénus adultère, & oublia les révolutions de la nature, dont elle étoit l'emblême.

Mais ce qu'on n'oublia point, c'eſt que le feu eſt l'image la plus brillante du pouvoir immortel, dont la main arrange & conſerve l'univers. Plutarque nous dit qu'il eſt le principe de tout & l'ame du monde. C'eſt ainſi que l'on penſoit dans les ſiècles les plus éclairés de l'antiquité, lorſque la philoſophie avoit déja fait de ſi grands progrès. La plûpart des monumens antiques atteſtent que l'on a toujours regardé le feu comme l'image de la vie ; c'eſt ce qui donna lieu à l'uſage de placer des flambeaux éteints ſur les tombeaux : c'étoient les mêmes flambeaux que l'on avoit mis allumés entre les mains des nouveaux époux, que l'amour & l'himen avoient porté devant eux dans les cérémonies du mariage.

Les divers phénomènes de l'air vont donc nous occuper dans la ſuite de cette hiſtoire. Nous traiterons d'abord des météores aqueux dont il nous reſte à parler. Nous donne-rons enſuite une idée de la manière

dont

dont fe forment ces météores brillans qui paroiffent dans l'air, &
qui font un effet de la lumière des
aftres, réfléchie fur des nuages ou
des amas de vapeurs différemment
modifiés ; ils varient fi agréablement
le fpectacle du ciel que l'on ne devra
pas regretter le tems que l'on em-
ploiera à s'en faire une idée jufte.
Nous nous arrêterons plus long-tems
à expliquer les caufes & les effets
du tonnerre, des foudres & des
autres météores ignés : l'objet eft
plus important, nous efpérons même que nos travaux ne feront pas
inutiles, pour raffurer contre les
craintes qu'ils infpirent. Si des au-
gures fuperftitieux ne partagent plus
le ciel en différentes régions, pour
obferver en tremblant de quel côté
la flamme eft partie, dans quel lieu
elle s'eft portée, comment elle a
pénétré dans les endroits les mieux
fermés, & comment elle s'en eft
échappée, laiffant partout des vef-
tiges de fon action terrible : l'ignorance de tous ces effets naturels ne

les fait-elle pas encore attribuer au courroux de l'être suprême, parce que l'on ne peut en découvrir les causes (*a*). C'est cette ignorance qu'il est important de dissiper : ainsi nous espérons de contribuer au bonheur général des hommes en diminuant le nombre des objets les plus capables de les jetter dans des craintes toujours nuisibles, si elles ne sont funestes à ceux qui ont la foiblesse de s'y abandonner.

(*a*) Sunt tempestates & fulmina clara canenda,
Quid faciant & qua de causa cumque ferantur,
Ne trepides cœli divisis partibus amens,
Unde volans ignis pervenerit, aut in utram se.
Verterit hinc partem; quo pacto per loca septa,
Insinuavit, & hinc dominatus ut extulerit-se ;
Quorum operum causas, nullo ratione videre
Possunt ac fieri divino numine ventur.

Lucret. lib. VI.

DISCOURS ONZIEME.

SUR LES MÉTÉORES AQUEUX.

De la neige & de la grêle.

NOus avons vu dans les difcours précédens que les vapeurs & les ex-halaifons d'abord infenfibles , fe réuniffoient dans les différentes ré-gions de l'atmofphère, où elles for-moient des nuages. C'eft delà qu'el-les fe féparent de nouveau , pour retomber fur la terre, en neige, en pluie , ou en grêle. Si cette matière conferve à-peu-près la forme qu'elle a en fe détachant du nuage , c'eft de la neige ; fi elle en change & fe

B ij

fond, elle tombe en pluie, ou venant à passer par une région plus froide de l'atmosphère, elle se durcit, se glace, & tombe en grêle : ainsi ces trois météores distingués ne sont que le produit d'une même matière différemment modifiée, & le même nuage donne, relativement à la température de l'air, de la pluie, de la neige, ou de la grêle en toutes les saisons.

§. I.

Premières idées sur la formation de la neige, & les causes de sa chûte.

La neige n'est autre chose que les parties condensées & glacées d'un nuage, qui se séparent les unes des autres, & qui entraînées par leur propre poids, tombent sur la terre en flocons blancs, d'autant plus petits que l'air est plus froid & plus sec.

De tous les météores, la neige est le plus propre à nous donner une idée de la manière dont les vapeurs & les exhalaifons fe réuniffent & fe condenfent pour former les nuages que l'on peut conjecturer n'être dans leur état ordinaire , autre chofe qu'une grande quantité de flocons de neige unis les uns aux autres. C'eft ce qui fait que les nuages vus de haut en bas , du fommet des plus hautes montagnes , lorfqu'ils font bien éclairés , paroiffent tout-à-fait femblables à des tas de cotons qui roulent à la fuite les uns des autres fur des plans inégaux. C'eft ainfi qu'ils fe préfentent à ceux qui les obfervent du haut des Andes au Pérou, fur les Alpes , fur les monts Krapacs, & en général fur toutes les montagnes les plus élevées des différentes parties de la terre.

La neige eft donc la fuite de la diffolution d'un nuage. Ses parties en fe féparant, s'éloignent les unes des autres , & ne formant plus un corps affez étendu , pour être foutenu par l'air inférieur, el-

les font emportées , par leur propre poids , du haut de l'atmofphère jufqu'à la furface de la terre.

Un nuage eft diffous , rompu , &
en quelque forte divifé en fes parties élémentaires , ou par la chaleur , ou par le vent , ou par toute autre caufe également active &
pénétrante , qui trouble le repos
de ces filamens velus , ou vapeurs
condenfées & réunies en petites
maffes diftinctes , dont il eft compofé , qui les fépare les unes des
autres ; fans quoi elles ne fe défu-
niroient pas d'elles-mêmes : elles
refteroient en maffe comme tout
autre corps en repos , dont les parties intégrantes ne peuvent recevoir
de mouvement & être défunies que
par l'impulfion d'un agent étran-
ger. C'eft donc le vent ou l'air agité qui commence à communiquer
du mouvement aux particules dont
le nuage eft formé : la chaleur l'augmente , facilite la féparation des
parties de la maffe totale , enfuite
leur réunion en petites maffes divi-
fées , & accélère leur chute.

Ainsi la chaleur qui raréfie tous les corps, condense ordinairement les nuages, au moins dans les parties dont leur surface est formée. C'est ce que l'on peut remarquer dans la neige dont la matière est la même que celle des nuages, sinon qu'elle est plus compacte dans l'état où elle est soumise à nos observations. Portée dans un lieu plus chaud que celui où elle étoit d'abord, ou par une température adoucie, elle se resserre & perd de son volume avant que de se résoudre en eau, ou de diminuer de poids : ce qui arrive, parce que les filamens ou particules de glace, dont la neige est formée, étant plus minces que le milieu qui les unit, se ramollissent plus aisément, se plient de tous les côtés, & poussés par le choc de l'air subtil & chaud répandu dans leurs intervalles, ils vont se joindre à d'autres particules voisines, sans quitter l'espèce de noyau auquel ils sont attachés. Ce mouvement répandu entre tous les flocons

B iv

qui forment l'amas de neige , soit
qu'il ne passe pas sa superficie , soit
qu'il pénetre à une certaine épaisseur , fait qu'ils se rapprochent en
s'affaissant les uns sur les autres,

C'est ce qui se passe sous nos
yeux ; mais il faut porter nos spécula-
tions plus haut , & supposer au moins
ce qui arrive dans les nuages, lorsque
la neige s'en détache , puisqu'il
n'est pas aisé de les observer de près.
Le restaurateur de la philosophie
moderne, l'illustre Descartes , nous
apprend que les particules de cette
espèce de matière glaciale dont les
nuages sont composés, sont d'abord
plus séparées entr'elles que celles qui
forment la neige , telle que nous la
voyons sur la terre : elles ne peuvent cependant s'éloigner les unes
des autres , qu'autant que leur ar-
rangement primitif est troublé. Ainsi les supposant également répandues
dans une certaine partie de l'atmosphère , elles ne se réunissent de façon à se former en flocons visibles,
qu'autant que leur disposition gé-

nérale change pour donner de l'exiftence à des amas particuliers de
cette matière. D'ordinaire ces flocons font d'autant plus gros, que le
nuage d'où ils fortent étoit plus
épais , & que la chaleur a donné
avec plus de lenteur une modification nouvelle à fes parties intégrantes : car lorfque la neige commence à tomber par un tems calme ,
lorfque dans un climat donné, l'air
eft généralement obfcur , fec &
froid, les flocons font à peine fenfibles & fi petits , que l'on peut y
reconnoître ces filamens légers dont
la réunion forme les nuages. Alors
ils ont ordinairement la figure d'u-
ne étoile à fix pointes, garnies dans
leurs intervalles de filamens rangés
dans une forme affez régulière , &
tournés en fpirale rentrant entre
les pointes. C'eft fous cette forme
que la neige fe montre, lorfque le
nuage d'où elle tombe n'eft pas encore dans une diffolution totale ,
& qu'il n'a éprouvé que les premières fecouffes du vent qui a dé-

B v

taché quelques parties de sa surface intérieure ; il n'a encore ressenti qu'un mouvement général d'agitation qui le pousse en tous sens, & qui n'est pas assez fort pour séparer toutes ses parties les unes des autres.

Mais la chaleur jointe à l'action d'un vent qui règne dans la région supérieure de l'air, & la raréfaction qui en est la suite, détachant les flocons plus élevés avant ceux qui sont plus bas, les premiers en tombant s'attachent aux autres qu'ils rencontrent ; ainsi ils deviennent plus gros, & la chaleur en rapprochant leurs parties, les rend plus pesans, & les précipite plus aisément à terre. Comme il s'en réunit plus ou moins, les flocons sont d'inégale grosseur ; les uns tombent presque perpendiculairement, les autres plus légers ne font que tourbillonner. C'est cet état moyen, entre le chaud & le froid, qui empêchant les particules du nuage de se dissoudre tout-à-fait, donne lieu

à la formation de la neige : car l'air
par lequel elles paſſent eſt aſſez
échauffé pour les fondre, ainſi qu'il
arrive dans nos climats pendant l'é-
té, & ſouvent dans les autres ſaiſons de l'année, la neige ſe change
en pluie : comme la même matière
devient grêle, ſi lorſqu'elle eſt fondue & raſſemblée en groſſes gouttes
un vent froid la condenſe aſſez
pour la changer en glace, ou ſi elle
ſe mêle dans l'air, à d'autres ſubſtances qui produiſent le même effet.
Ce ſont ces modifications différentes qui diſtinguent entr'elles la neige, la pluie & la grêle, quoiqu'elles ne ſoient que des parties détachées d'un même nuage.

Mais ce qui fait de la neige un
météore diſtingué des autres, c'eſt
qu'elle tombe par flocons ſéparés.
On leur a donné ce nom, parce
que, comme le flocon de laine eſt
compoſé de pluſieurs petites parties
fléxibles & molles entrelacées les
unes dans les autres, de même
chaque partie de neige, telle que

nous la voyons tomber , est formée
de plusieurs petits filamens entrela-
cés. Chaque flocon a son atmosphère propre qui le sépare des autres ;
il est même assez rare , qu'une fois
dispersés dans l'air , ils se mêlent
en tombant. S'ils sont plus ou moins
gros , c'est qu'une même quantité
de matière s'est détachée en même-
tems du nuage , ou bien que la
douceur de la température com-
mençant à la fondre , chaque flocon , quoique blanc , est déjà diffous en partie , ainsi qu'il arrive
dans les pays plus chauds que ceux
que nous habitons , où il est rare de
voir tomber la neige en parties fines & étoilées , & se rassembler à
une épaisseur durable sur la surface
de la terre , au moins dans les plaines & les terres basses. A mesure
qu'elle en approche , trouvant un
air plus échauffé, ses parties se réunissent , elle devient spécifiquement
plus pesante, & se fond assez promptement.

Il nous reste à expliquer pour-

quoi la neige qui tombe fur les
montagnes & dans les plaines depuis le quarante-cinquième degré
environ , jufqu'au cercle polaire &
au-delà , lorfqu'elle commence par
un tems froid , eft emportée dans
l'air & tombe par petits flocons dif-
tingués , prefque tous en forme d'é-
toiles à fix pointes & quelquefois
davantage ; tantôt garnies de filamens velus & tournés en fpirales ,
tantôt tout-à-fait rafes. Le corps
ou le milieu du flocon a été origi-
nairement formé d'une goutte d'eau
condenfée, ronde & qui étant pref-
fée par fix autres gouttes femblab-
bles , a pris la forme d'un cube à
fix pans : les rayons adhérans au cube , font autant d'autres petits flocons qui fe font attachés à chacune
de fes faces , prenant différentes
formes , fuivant la pofition où ils
fe trouvent , & la denfité de l'air
plus ou moins grande : car fi le froid
par lequel s'eft faite la première im-
preffion fe foutient , les rayons s'é-
loignant de leur centre commun ,

& étant toujours à une diſtance égale les uns des autres , ils forment une étoile à ſix pointes , tantot raſe , tantôt garnie de filamens lanugineux , ſelon que le vent agiſſant plus ou moins ſur l'étoile , rapprochera les petits flocons , attachés ſur les pointes , ou les laiſſera ſéparés. Mais ſi , par la chaleur de l'air , ces rayons éprouvent à leur extrémité un commencement de fuſion , & que ſe repliant enſuite ſur le cube d'où ils partent , ils viennent à ſe glacer , le cube conſervera ſes ſix pointes , mais obtuſes & arrondies. Souvent encore dans cet état , le flocon augmente de volume en ſe réuniſſant à un autre : ſi la chaleur & le froid agiſſent alrernativement ſur lui , alors il n'a plus de forme déterminée : ſi la chaleur domine , ſi le nuage eſt violemment agité , la neige tombe en ſi gros flocons , qu'on peut la regarder plutôt comme des parties conſidérables du nuage , que comme des flocons qui puiſſent donner une idée de ſa première configuration ; puisqu'il y a telle partie de neige tombante par un tems doux qui contiendra plus de mille flocons rassemblés & déjà fondus en partie. Il arrive encore que par un froid extraordinaire pour la saison, si un nuage peu élevé, est vivement agité par le vent, il s'en détache des parties entières qui tombent sur la terre sans avoir changé de forme, ainsi que je l'ai observé à la fin du mois de mars 1767. Il tomba peu avant le coucher du soleil des morceaux d'une neige legère & peu condensée dont quelques-uns avoient deux à trois pouces de longueur sur différentes largeurs d'un à deux pouces. Ils étoient très-séparés les uns des autres, & ne devoient être que des parties arrachées d'un nuage qui paroissoit épais, quoique peu étendu, blanc & éclairé par ses bords, & fort sombre dans tout le reste de sa surface.

§. II.

Observations de Descartes sur la manière dont la neige se forme.

On n'a peut-être fait, sur la formation des météores, aucune observation plus hardie, plus exacte, & mieux suivie, que celle que le célèbre Descartes fit sur la neige, dans le tems qu'il s'appliquoit avec le plus d'ardeur à l'étude de la nature, pour donner une nouvelle existence à la phisique : il étoit pour lors à Amsterdam. (*a*) Le 4 février 1635, l'air avoit été froid pendant tout le jour ; sur le soir il tomba un peu de pluie qui se changeoit en glace aussi-tôt qu'elle venoit toucher la terre : elle fut suivie d'une grêle très-petite, formée de ces mêmes gouttes de pluie qui se glaçoient

____

(*a*) Traité des Météores, ch. 6.

en l'air ; elle n'avoit pas la forme
ronde que devoient avoir eu les
gouttes d'eau dont elle étoit composée , elle étoit platte d'un côté
& arrondie de l'autre , ce que l'on
ne pouvoit attribuer qu'à la violence du vent froid qui régnoit alors ,
& qui changeoit la forme des gouttes en les glaçant. Ce qu'il y eut de
singulier , c'est que quelques-uns
des grains de grêle , qui tomberent
les derniers , avoient six dents ou
pointes aussi exactement disposées
que l'art peut les ranger dans de petites roues de montres. Ces pointes
étoient tout-à-fait blanches, ce qui
prouve qu'elles étoient formées d'u-
ne matière très-tenue , qui s'étoit
jointe aux grains de grêle , comme
les frimats s'attachent & se glacent
sur les plantes : car les autres grains
étoient transparens , & absorboient
les rayons de lumière comme la
glace ordinaire.

Il me restoit à savoir , continue
l'observateur , comment dans un
air libre , fort agité par les vents ,

ces dents ou pointes avoient pu se
former si exactement autour de chaque grain : il me vint en idée, qu'il
avoit pu se faire aisément que le
vent eût chassé quelqu'un de ces
grains contre la superficie d'un nuage, & les y eût tenus quelques tems
suspendus ; ils étoient assez petits
pour cela. Ils durent y être disposés de façon que chacun d'eux fut
entouré de six autres, tel est l'ordre
de la nature. Il est encore vraisemblable que la chaleur annoncée par
la pluie qui étoit tombée quelque
tems auparavant, avoit répandu
dans l'air quelques vapeurs humides que le vent avoit rassemblées
autour de ces grains, où se réunissant sous la forme de filamens très-
légers, elles avoient dû contribuer à
les tenir dans cet équilibre qu'ils
gardèrent, jusqu'à ce qu'une nouvelle impression ne vint changer
cette première modification.

Les filamens répandus autour de
chaque grain ayant été fondus, à
l'exception de ceux qui répondoient

au centre des six grains contigus,
parce que le froid, dont ils étoient
pénétrés, faisoit obstacle à l'action
de la chaleur ; la matière qui étoit
fondue se mêlant aux six pointes
qui restoient, & les rendant plus
épaisses & plus impénétrables à la
chaleur, elles se sont glacées de
nouveau, & ont donné une forme
bien marquée aux six dents : au contraire, les filamens innombrables
répandus sans ordre autour des autres grains, & qui tomberent les
derniers, n'avoient pu être pénétrés par la chaleur.

Le lendemain, à huit heures du
matin, il tomba une autre espèce
de neige encore plus singulière ;
c'étoient des petites lames de glace, unies, transparentes, épaisses
comme du fort papier, à six angles
égaux si bien formés que l'art n'auroit pu rien faire de plus exact. Je
reconnus d'abord que ces petites
lames avoient été des globules de
glace disposés de la manière que
j'ai rapportée : pressés par un vent

violent , accompagné de quelque
chaleur qui fondit tous les filamens
dont ils étoient chargés, l'humeur
qui en réfulta en remplit également
les pores, de manière que de blancs
qu'ils étoient , ils devinrent tranfparens. Ce même vent les preffa
tellement qu'il ne laiffa entr'eux
aucun intervalle ; c'eft-à-dire , que
toutes leurs parties refpectives touchoient celles des fix globules voifins réunis. Le vent coulant deffus
& deffous les feuilles , ou couches
formées de tous ces globules raffemblés , les avoit applanies , d'où ré-
fultoit cette forme exactement femblable de toutes les lames glaciales.
Il falloit imaginer encore pourquoi
ces globules, prefque fondus &
preffés les uns contre les autres,
ne s'étoient pas attachés enfemble ;
car avec quelque foin que je les
euffe examiné, je n'en trouvai jamais deux collés l'un fur l'autre. Je
me fatisfis à ce fujet , en remar-
quant la manière dont le vent qui
coule fur l'eau l'agite continuelle-

ment, plie successivement les parties de sa surface , sans pour cela les rendre scabreuses ou inégales : par la même raison je conçus comment le vent , qui doit agir de même à la superficie des nuages, presse différemment leurs parties sans pour cela les joindre. S'il les dérange ou les sépare , c'est pour les mettre dans un ordre plus égal , lorsqu'il en unit la surface & les polit. C'est ce que nous voyons arriver sur les eaux & sur les amas de cendres , de sable, & d'autres matières aussi mobiles que le vent nivelle , & qu'il applanit.

Outre ces étoiles transparentes, dont nous venons de parler, il en tomba le même jour d'autres en grande quantité, blanches comme du sucre : quelques-unes avoient la même figure que les premières, d'autres avoient les rayons plus minces & plus aigus, dont quelques-uns divisés en trois branches , les deux de côté recourbées en-dehors, celle du milieu restant droite , représentoient une fleur-de-lys. Avec ces petites étoiles, il tomboit beaucoup d'autres particules de glace ou de filamens qui n'avoient aucune forme déterminée. Leur blancheur venoit de ce que la chaleur ne les avoit pas pénétrés juſqu'au fond, ce qui ſe reconnoiſſoit en ce que les plus petits de ces filamens, & les plus minces étoient tranſparens.

Si les rayons des étoiles blanches étoient auſſi minces & auſſi obtus que ceux des tranſparentes, ce n'eſt pas que la chaleur eût autant agi ſur eux, c'eſt qu'ils avoient été comprimés plus fort par les vents : ils étoient même communément plus longs & plus aigus que les autres : leurs particules homogènes ne s'étoient pas rapprochées en ſe fondant, elles s'étoient bien plutôt allongées par les frottemens auxquels elles avoient été expoſées. Quand ces rayons étoient diviſés en pluſieurs branches, cela venoit de ce que la chaleur avoit ceſſé lorſque les filamens étoient en mouvement pour ſe re-

joindre, & avant qu'ils ne formaſ-
ſent un ſeul corps. S'ils n'étoient
diviſés qu'en trois, c'eſt que la chaleur les avoit quittés un peu plus
tard. Les deux branches latérales ſe
replioient en-dehors, parce que le
voiſinage de la pointe froide du
milieu, leur donnoit plus de roi-
deur du côté qu'ils l'approchoient,
& dès - lors ils trouvoient plus
de facilité à prendre une coubure
excentrique. Quant aux autres particules qui n'étoient pas formées en
étoiles, elles étoient une preuve
que les nuages ne ſont pas entièrement compoſés de globules ou de
molécules de même forme, & qu'il
peut y en avoir qui ne ſoient qu'un
aſſemblage de filaments joints confuſément & ſans ordre. C'eſt même
l'idée que l'on doit prendre de la
diſpoſition ordinaire de la matière
des nuages, ſur le récit des plus habiles obſervateurs. Ceux qui s'en
trouvent enveloppés ne voient qu'un
brouillard épais, dans lequel il eſt
poſſible de vivre & de reſpirer, tant

la matière en est tenue. Ce même brouillard vu d'en-bas, paroît un nuage plus ou moins épais, relativement à la manière dont il est éclairé, & à sa hauteur dans l'atmosphère. Si on voit les nuages au-dessous de soi, lors qu'ils reçoivent la lumière par le haut, ils paroissent blancs, & on ne sauroit mieux les comparer pour la couleur & pour la forme qu'ils présentent, qu'à des amas de coton cardé qui se toucheroient, & dont l'assemblage formeroit une surface ondée. Ce sont ces filamens simples qui, sous différentes modifications, deviennent la matière des météores aqueux, dont nous nous occupons actuellement.

Mais, demande encore l'observateur célèbre que nous avons quitté un instant, pourquoi la neige tomba-t-elle? La violence du vent qui dura tout le jour, me l'indiqua. Il ne pouvoit pas se faire qu'il ne brisât les couches inférieures du nuage composé de ces matières. Les séparant des autres, elles quittoient leur
position

position horifontale pour en prendre une prefque perpendiculaire, qui facilitoit leur chûte, en leur donnant le moyen de divifer l'air plus aifément. Celles qui tombe-rent d'elles-mêmes étoient entraî-nées par leur propre poids. S'il ne règne aucun vent fenfible, & qu'a-lors il tombe de la neige, on ne doit l'attribuer qu'à la légèreté de l'air, à fon peu de denfité, & même à fon action fur la partie inférieure du nua-ge, qu'il divife & qu'il diffout, & au poids de la matière du nuage. C'eft alors que la neige eft très-abondan-te, & comme elle eft prête à fe fon-dre elle fe foutient peu de tems, fi l'air refte au même degré de tem-pérature. (Jamais je ne l'ai vu tom-ber auffi abondamment que le fix & le fept du mois d'avril 1770, quoi-qu'elle fondit à mefure qu'elle arri-voit à terre ; il s'en étoit accumulé fur nos montagnes de Bourgogne de quatre à cinq pouces d'épaiffeur,) & il y en eut dans les Vofges & dans

Tome VII.   C

l'Alsace de plusieurs pieds de hauteur.

Reprenons l'observation de Descartes. La neige ayant cessé un vent d'orage s'éleva, & l'on vit tomber de la petite grêle blanche, oblongue, dont les grains ressembloient à des petits cones de sucre. Comme le ciel se découvrit aussitôt, & devint serein, cette grêle avoit dû se former à une grande élévation, à celle où nous avons vû que les nuages ne sont composés que de petites parties fort blanches. Le troisieme jour il tomba des globules de neige, des molécules glacées, enveloppées d'un grand nombre de filamens sans pointes, sans forme d'étoiles ; circonstances qui me confirmèrent tout ce que j'avois conjecturé sur la manière dont les étoiles de glace & de neige se formoient.

C'est ainsi que le génie philosophique, par la connoissance des effets de la nature qui se passent sous ses yeux, tire des inductions lumineuses sur la manière dont se

doivent former les phénomènes
hors de sa portée. Des observations plus étendues, une plus grande connoissance des effets combinés,
du froid & des vents, vus dans des
climats où ils se font presque toujours sentir dans toute leur violence,
auroient donné à cette théorie un
degré de certitude, auquel il n'é-
toit pas possible d'arriver dans le
siècle de Descartes. En hiver, sur
les côtes qui bordent la baie de
Hudson, l'air est rempli d'une infinité de petites flèches ou de filamens de glace, sensibles à l'œil,
sur-tout lorsque le vent vient du
nord ou de l'est, & que la gelée est
dans sa force. Elles se forment sur
l'eau qui conserve encore un peu
de sa fluidité, c'est-à-dire, que
par-tout où il reste de l'eau qui n'est
point glacée, il s'en élève une vapeur fort épaisse que l'on appelle
fumée de gelée; & c'est cette vapeur qui, venant à se geler, est
emportée par les vents sous la forme visible de ces petites flèches.

Ellis, navigateur Anglois, du journal duquel ce récit est tiré, raconte que dans les premiers mois de l'hiver, la rivière de Port-Nelson n'étant pas gelée dans son principal courant, un vent de nord qui soufsloit de ce côté sur son logement, ne cessoit point d'y amener des naées entières de ces particules glaciales, qui disparurent aussitôt que la rivière fut tout-à-fait prise, & que la glace eut acquis une solidité capable de résister à l'action du vent. Ce phénomène vu de près & à diverses fois, n'indique-t-il pas la manière dont les vents agissent sur la surface des nuages, & en enlèvent des parties différemment modifiées, qui se montrent sous la forme de la neige & de la petite grêle dont nous avons parlé plus haut, à moins que la chaleur de l'atmosphère inférieure ne les résolve en pluie. Nous n'insisterons pas sur ce que cette comparaison a d'avantageux pour appuyer les vûes du père de la philosophie moderne : nous nous contenterons de dire que l'explication qu'il a donnée de la formation de la neige, a été généralement adoptée par les philosophes des diverses nations, qui ne se sont écartés de sa méthode que dans la manière de préfenter leurs idées, sous une forme nouvelle, dont il est aisé de reconnoître l'origine.

§. III.

Variété des figures que prend la neige dans les différens climats.

Les transactions philosophiques (An. 1673. n. 92. art. 3.) donnent les détails suivans sur la nature de la neige & sa formation. Que l'on regarde avec attention une surface de neige, mince, transparente, & bien en repos : on remarquera 1°. qu'il y a dans la neige beaucoup de parties réguliérement figurées, & pour la plupart semblables à des molettes d'éperons, ou à des étoiles à six rayons. Ces parties sont de glace aussi parfaite & aussi transparente que celle que nous voyons sur l'eau d'un étang, ou celle qui est dans un vase. Chacun des six rayons est hérissé de filets latéraux qui font les mêmes angles que les rayons: la plupart de ces filets se tournent en spirale, ainsi qu'on peut l'observer, sur-tout dans les pays froids, & sur les hauteurs, lorsque la neige commence à tomber, & qu'on la reçoit sur un corps doux, noir, tel qu'une fourrure, où les petits flocons conservent leur forme sans altération. 2°. Parmi les parties irrégulières de la neige, dont un grand nombre sont fort larges, on en remarque quelques-unes de régulières, quoiqu'elles le soient moins que les premières, ce qu'il faut attribuer à la température du climat, & souvent encore au peu de hauteur du nuage d'où elles tombent. 3°. Les parties irrégulières qui sont mêlées avec les régulières, ne doivent être considérées que comme des pointes cassées, & des fragmens des parties régulières, entre-mêlés dans une multitude de ces petits filamens que nous avons supposé être la vraie matière des nuages, ainsi qu'on peut s'en convaincre en observant de près les plus gros flocons de neige, si on les reçoit avec quelque précaution dans l'ordre où ils tombent. 4°. Il peut se faire encore que la plupart de ces flocons irréguliers aient perdu leur première forme, moins pour s'être rompus, que pour avoir éprouvé l'action de divers vents, avoir passé par différentes températures, où d'abord ils ont été fondus en partie, ensuite congelés de nouveau, & réunis en petites pelottes, en masses irrégulières.

Ces observations donnent une idée juste de la structure de la neige, en faisant voir que non-seulement ses parties, mais toute sa masse, c'est-à-dire, tout le nuage qui se résout en neige est originai-

rement un amas de petits glaçons
réguliérement figurés ; sans que
parmi tant de millions de particules, il y en ait une seule qui
soit, dans son origine, d'une figure
indéterminée ou irrégulière.

Voici donc comment se forme
la neige : un nuage de vapeurs condensées, venant à se résoudre en
gouttes, & ces gouttes à descendre
incontinent vers la terre, si dans
leur chûte elles rencontrent un vent
frais, ou seulement si elles traver-
sent une région de l'air plus froide,
elles se congèlent à l'instant, & en
se congelant elles poussent de tous
côtés des petits jets ou rayons, ce
qui forme des étoiles de glaces. Ces
petites étoiles continuant ensuite
à descendre, & venant à rencontrer
un courant d'air plus chaud, ou
seulement à se heurter les unes
contre les autres par leur agitation
& leur mouvement continuel,
quelques-unes se dégèlent en partie, s'émoussent, s'accrochent, se
pelotonnent, d'autres se brisent,

& se réunissant forment ces petits groupes que nous appellons des flocons de neige.

Il paroît que dans cette explication on a voulu simplifier les vûes de Descartes sur la formation de la neige ; mais rend-t-elle aussi exactement raison de la conformation semblable de toutes les parties de la neige, lorsqu'elle tombe par une température froide, plus séche qu'humide ? Est-ce ainsi que se forme cette neige légère, dont les régions septentrionales sont couvertes, que les vents emportent si aisément, & qui ne se réunit en masse solide que très-difficilement, en quelque quantité qu'elle soit sur la terre ; ainsi qu'on l'observe pendant l'hiver de la Laponie, où il paroît que c'est la seule action impétueuse des vents qui brise la surface inférieure des nuages, & qui les réduit en neige ? Cette explication paroît mieux convenir à cette espèce de neige que l'on voit se former tout d'un coup dans des

habitations fort échauffées, où les
vapeurs épaissies sont condensées sur le champ par l'air extérieur
que l'on y laisse pénétrer, par les
portes ouvertes. C'est ce que l'on
éprouve dans les établissemens Anglois à la baie de Hudson, & en
Laponie, où l'on voit l'air froid du
dehors pénétrer avec une violence
sensible par les entrées qu'on lui
laisse libres, & changer aussitôt les
vapeurs de ces logemens en neige
mince. Leur chaleur extraordinaire
& continuelle ne suffit même pas
pour les garantir des petits amas de
glace & de neige qui s'attachent
aux fenêtres & aux murs, pénétrés
du froid extérieur, & qui détachés
par le vent & portés plus loin formeroient de la véritable neige.
N'est-ce pas ainsi que les vents portent l'humidité répandue dans l'air
sur la surface des nuages, où elle
se glace, & d'où elle se détache
ensuite pour retomber en neige.

C'est encore ainsi que l'on voit
au Spitzberg & dans d'autres cli-

mats aussi froids, les vapeurs aqueuses répandues dans l'air se former
en neige, elles en font la matière
sensible. On voit d'abord, disent
les observateurs, une très-petite
goutte qui n'est pas plus grosse qu'un
grain de sable, & qui paroissant
croître dans le brouillard, prend
une figure platte, hexagone, aussi
claire & aussi transparente que le
verre. D'autres gouttes s'attachant
aux six coins de l'hexagone, le
partage de la figure augmente par
le froid : elle prend six branches
qui représentent les rayons d'une
étoile, qui n'étant point encore
tout-à-fait gelée, ressemble assez
à la feuille de la fougère ; l'aug-
mentation du froid en fait une
étoile réguliérement configurée, à
laquelle l'excès de la gelée fait perdre enfin toutes ses branches. C'est
ce que l'on observe au Spitzberg,
& sans doute dans les autres terres
aussi voisines des poles, dans la
saison où l'on peut y aborder, que
l'on sçait être la plus douce de

l'année. Cependant le froid y règne
ſi conſtamment que l'on diſtingue
ſes divers degrés par la figure que
la neige y prend : car dans un froid
modéré pour ce climat, ou un tems
diſpoſé à la pluie, la neige qui ſe
forme des vapeurs répandues dans
l'air, tombe en forme de petites
roſes, d'aiguilles, ou de grains de
blé, lorſque l'air s'adoucit encore
ce ſont des étoiles avec des branches qui reſſemblent aux feuilles
de fougère. Si le brouillard eſt
épais, & qu'il tombe beaucoup de
neige, les flocons ſont informes,
en maſſes ou en lames : ſi le froid
eſt exceſſif avec un grand vent, ils
repréſentent des étoiles ou des
croix ; s'il n'y a point de vent, ils
ont la forme d'étoiles & tombent
en pelottons, parce que rien n'a pû
les ſéparer les uns des autres. Cette
dernière obſervation eſt contraire
à ce que Deſcartes croyoit avoir
remarqué en Hollande, & aux conjectures qu'il formoit en conſéquence : mais, comme nous en

avons averti d'avance, les grands phénomènes du froid & les variétés qu'ils peuvent occasionner dans la formation des météores n'étoient pas encore assez bien connus, pour que l'on pût établir à ce sujet une théorie aussi vraisemblable, que celle qui doit suivre d'observations plus récentes; quoique toutes les figures variées que la neige prend au Spitzberg, ressemblent beaucoup à celles sous lesquelles elle s'étoit montrée en Hollande, par une température qui devoit approcher de celle qui domine dans ces climats reculés.

Enfin on a remarqué au Spitzberg que par un vent de nord-ouest, ou lorsque le ciel étoit tout-à-fait couvert de nuages, & qu'en même-tems le vent étoit fort impétueux, il tomboit des grains de grêle d'une forme oblongue, couverts de pointes & de piquants : on y observe des variétés sensibles dans le nombre des pointes de la neige étoilée, dans laquelle il se trouve des flocons taillés en cœur.

Ces différentes figures font formées de la même matière par les vents d'eſt & de nord : ceux d'oueſt & de ſud donnent les aiguilles de neige : ſi elles ne ſont pas diſperſées par les vents, elles tombent par pelottons ; mais ſi l'air eſt agité, ces mêmes particules glaciales deviennent des étoiles ou des aiguilles ſéparées les unes des autres, emportées confuſément dans l'air, de même que l'on voit voltiger au ſoleil les atomes de pouſſière. C'eſt, comme nous l'avons déja remarqué, la matière même du nuage, ſéparée par les vents, qui conſerve ſa forme primitive, ou qui réunie en petits amas, forme ces petites étoiles. Dans les régions de l'Europe qui ſont au-delà du quarante-cinquième degré de latitude, il n'eſt pas rare dans les orages d'hiver, accompagnés de neige, de la voir tomber ſous toutes ces formes variées (*a*).

(*a*) Recueil des voyages au nord, tom. 2. Et hiſt. gén. des voyages, tom. 15.

La neige obſervée à Varſovie & dans les environs au cinquante-deuxième degré de latitude, eſt comme ailleurs à ſix rayons égaux, ramifiés, ou quelquefois ſans ramifications, rarement à douze ; ou elle eſt en grains plus ou moins gros. Les rayons de ces étoiles ſont d'autant mieux marqués que le froid eſt plus grand. Lorſqu'il ne gèle pas, la neige eſt ſeulement en grains irréguliers qui forment des flocons plus ou moins larges. S'il y a quelques étoiles parmi ces flocons, elles y ſont très-rares, elles perdent cette forme très-prompte-ment, & dans l'inſtant même de leur chûte : ces flocons ont quelquefois plus d'un pouce de largeur ſur une ligne d'épaiſſeur.

Si donc il eſt eſſentiel à la matière de la neige de ſe former en étoiles, il faut que ces étoiles, lorſqu'il fait doux, ſe fondent dans l'eſpace de l'atmoſphère qu'elles parcourent, avant que de toucher la terre ; ce qui eſt d'autant plus probable, que dans une pareille température, la neige étoilée perd ses rayons dès qu'elle est tombée, & qu'il n'en reste plus que le grain qui est au centre. Il n'en est pas de même lorsqu'il fait froid ; toute la neige est étoilée ; elle ne se déforme que parce que les étoiles se confondent les unes avec les autres, & que leur masse totale s'affaissant, elles ne composent plus qu'une surface unie, dont les parties ne sont plus figurées sensiblement ; elles retournent en quelque manière à la forme qu'elles avoient d'abord dans le nuage, quoique leurs parties soient alors plus condensées. Il résulte en général des observations faites en Pologne, que les figures que prend la neige sont irrégulières ; à six rayons simples, à six rayons feuillés ou grenus, à six rayons en plume, dont les barbes sont plus ou moins grandes & différemment multipliées. On remarque quelques-unes de ces étoiles à douze rayons en plume bien distincts, souvent elles ont à leur centre un grain rond, souvent aussi il y a à sa place un hexagone plein, quelquefois ces rayons se touchent tous immédiatement à leur naissance ; il n'y a ni grain ni hexagone dans de certains tems, la neige n'a que deux ou trois rayons simples. Lorsque le froid est vif, toute la neige est étoilée ; alors les étoiles en plumes sont les plus communes, & c'est ordinairement sous cette forme que la plus grande quantité des flocons est disposée (*a*).

On voit que toutes les observations faites en divers tems, dans des climats éloignés les uns des autres, par des observateurs habiles, se rapportent entr'elles, & confirment celles que l'illustre Descartes fit le premier ; & il en résulte que la forme de la neige est telle qu'il

---

(*a*) Voyez les observations météréologiques faites à Varsovie pendant les années 1760-61-62. dans les mém. de l'acad. des sciences. An. 1762. pag. 402.

l'a décrite ; que les autres figures y
font rares, & qu'en général on peut
les comprendre fous ces deux principales, la circulaire ou l'hexagone,
féparées ou combinées enfemble.
Il eft affez rare d'y trouver des figures qui aient plus de fix pointes,
mais quand cela fe rencontre, elles
en ont douze, & non pas huit ou
dix, ce qui indique que ce font
deux lames de neige étoilée & fort
minces qui font jointes l'une à l'autre. Il y a auffi des petites portions
de cette matière qui n'ont d'autre
figure que celle d'un cilindre grèle,
femblable à ceux du nitre ; quelques-uns de ces cilindres aboutiffent par leurs extrémités au centre
de deux étoiles, & ont à-peu-près
la forme d'un effieu monté fur deux
roues : enfin il y a de ces figures
hexagones qui ayant la largeur ordinaire , ont beaucoup plus d'é-
paiffeur & reffemblent aux pierres
aftroïtes ou étoilées. Mais toutes
ces figures font rares , & la première que nous avons décrite eft

celle que l'on remarque par-tout , & à laquelle la neige se détermine de préférence dans son état ordinaire, & lorsqu'elle commence à tomber dans une température froide, plus séche qu'humide, qui laisse ses parties dans l'état où elles se détachent du nuage, ou même dans celui où elles se forment dans l'air. Nous avons vu encore que dans les pays septentrionaux , la figure de la neige a des variétés plus remarquables que dans les pays méridionaux, à raison du froid plus vif & plus constant dans les premiers que dans les autres; il est bien vrai que ces formes variées peuvent être occasionnées dans les terres polaires, par les vicissitudes de la température dans une saison où quelque chaleur semble disputer l'empire à un froid constant. S'il étoit permis d'en approcher pendant l'hiver, peut-être y observeroit-on toute la neige étoilée & très-fine.

Au reste cette figure hexagone ,

anguleufe ou à pointes paroît être
celle que la nature donne de préférence à tous les corps qui fe forment dans les régions où le froid
domine conftamment. Nous avons
fait diverfes obfervations à ce fujet en parlant de la température des
terres polaires, & de celles dont
la difpofition de l'air eft quelquefois femblable; nous avons remarqué même dans nos climats, que
les congélations qui fe forment par
un grand froid, affectent la forme
hexagone, & que leurs parties extérieures font toutes terminées par
des pointes d'autant mieux marquées, que le froid eft plus vif.
Cette figure eft auffi commune au
givre, aux vapeurs produites par
la tranfpiration, qui, lorfque le
froid eft rigoureux, fe condenfent,
fe glacent & fe convertiffent en
une efpèce de neige dont on voit
les murailles & les vitres incruftées,
avant qu'elles aient été frappées
par les rayons du foleil. Si on obferve ces congélations, on décou-

vrira parmi les diverfes ramifications qu'elles forment, plufieurs
lames parfaitement hexagones, les
unes avec un enfoncement à leur
centre, les autres pleines, & toutes
auffi régulières que celles de la neige. La formation de la neige, eft
donc analogue à celle du givre &
des autres congélations auffi légères;
fouvent encore on remarque le même procédé de la nature, lorfque
la glace commence à fe former, on
la voit commencer par des aiguilles qui, recroifées, donnent des
figures hexagones affez exactes.

C'eft ce qu'a remarqué Muffenbroeck. (§. 2403) Chaque fois,
dit-il, que les flocons de neige font
compofés d'aiguilles oblongues, ou
reffemblent à des étoiles hexago-
nales; ces neiges font accompagnées
d'un froid très-piquant, qui fur-
vient peu d'heures après leur chûte:
c'eft à ce froid qu'on doit rapporter
la formation de ces neiges dans la
région fupérieure de l'air, & qu'en
tombant elles femblent apporter

avec elles à la surface de la terre.
Cette neige ne viendroit-elle pas
aussi des régions les plus hautes de
l'atmosphère ? Les particules de
neige ainsi configurées, ne tombent
d'ordinaire que lorsque l'air est
calme, elles sont dispersées dans
l'atmosphère en petit nombre, ce
qui fait qu'on les remarque plus
aisément : mais rarement la même
disposition d'air se conserve quelque tems, & bientôt après on voit
les flocons de neige changer de
forme, prendre différentes grandeurs, & devenir beaucoup plus
épais; ce qui est occasionné, ou par
quelque cause qui accélère la sépa-
ration des parties intégrantes des
nuées, ou par différentes exhalaisons glaciales qui se mêlent aux vapeurs, à cette matière légère &
rare qui se détache des nuées, &
qu'il semble que l'on pourroit supposer se former souvent dans un
air épaissi, chargé de vapeurs humides, condensées par le froid,
qui se réunissent entr'elles & for-

ment cette neige à mesure qu'elle tombe. Il paroît même assez naturel d'attribuer la différence de configuration que l'on trouve dans les flocons, aux matières glaciales qui se rencontrent dans l'air, & à leur plus ou moins d'action sur la matière proprement dite de la neige, qui, considérée telle qu'elle se détache de la nuée, a presque toujours une figure régulière; mais qui change, soit lorsque plusieurs flocons fondus en partie se joignent ensemble dans l'air, soit lorsqu'ils font enveloppés d'autres matières qui s'y réunissent, & les font changer de forme.

§. IV.

Premières qualités de la neige.

La matière de la neige ainsi connue, il est aisé de comprendre qu'elle est réellement dure, quoiqu'elle paroisse molle, car c'est de la vraie glace, dont une des pro-

priétés les plus reconnues eſt la
dureté : mais elle nous ſemble
molle, parce que ſes pointes qui
ſont très-ſubtiles ſe dégèlent à l'inſtant que nous les touchons avec
les doigts ; autrement elles les per-
ceroient comme autant d'aiguilles
bien acérées. C'eſt à cette configuration naturelle qu'il faut attribuer
la plupart des effets ſenſibles des
vapeurs de la neige ſur les corps
qui y ſont expoſés & dont nous
parlerons plus bas.

On conçoit auſſi comment la
neige peut être ſi légère, quoiqu'elle ſoit de la vraie glace, &
par conſéquent un corps dur & den-
ſe. Cela vient de ce que ſes parties
ſont extrêmement minces & dé-
liées : ainſi l'or, quoique le plus
peſant de tous les corps, devient,
lorſqu'il eſt battu & réduit en feuilles, aſſez léger pour obéir au plus
petit mouvement de l'air. C'eſt à
cette diviſion de parties que l'on
doit attribuer la blancheur de la
neige, & non pas à ſa dureté, car
il

il y a des corps mous qui font blancs; mais cette couleur vient de ce que bien que la neige foit compofée de parties qui, prifes féparément, font tranfparentes, cependant accumulées, elles paroiffent blanches, comme l'eft l'affemblage des particules de glace qui forment la gelée blanche, le givre, & la plupart des autres frimats; comme le font les amas de glace, de verre pilé, & des autres corps tranfparens, quelle que foit leur confiftance & leur figure, confidérés féparément les uns des autres. Quelques auteurs ont écrit que la blancheur de la neige vient du froid, qu'elle eft un de fes effets naturels, & citent en preuves la couleur des peuples les plus feptentrionaux: mais nous avons établi dans la théorie générale de l'air, que la couleur des peuples qui habitent des régions toujours couvertes de neige & de glace, des Groenlandiens, des Samoïedes, des Eskimaux les plus reculés, & de toutes les terres Po-

laires découvertes jusqu'à préfent,
eft fi brune, qu'en quelques endroits elle approche de la teinte
des nègres. Un froid extrême def-
féche le fol prefqu'autant qu'une
chaleur exceffive, & il a à-peu-près
le même effet fur l'extérieur des
corps. Les terres font également
arides & ftériles ; leurs habitans
petits, maigres, bafanés ont de
même la voix grèle & rauque. La
vraie caufe de la blancheur éclatante de la neige eft la défunion
des parties glaciales dont elle eft
compofée, & l'abondance du fluide
aérien qui s'y mêle, & leur donne,
ainfi qu'à toute autre matière tranfparente, la propriété de réfléchir
tous les rayons de la lumière, lorfqu'elles font défunies, & rapprochées autant qu'il eft poffible de la
proportion de leurs molécules élémentaires. Mais la neige ne fçau-
roit être fortement comprimée fans
perdre au moins en partie fon opa-
cité & fa blancheur ; elle n'eft
blanche & opaque que dans fa to-

ralité : chacun des petits glaçons qui la composent, lorsqu'on l'examine de près, est transparent, & les intervalles peu réguliers qu'ils laissent entr'eux, donnant lieu à une multitude de réflexions des rayons de lumière, ils doivent être réunis confusément, & produire la blancheur.

La neige quoique composée de parties, en apparence, molles & obtuses, est froide au tact ; ce que l'on doit attribuer aux exhalaisons salines & nitreuses, & aux vapeurs glacées qui entrent dans sa composition. Cependant quand on l'a maniée pendant quelque tems, elle communique à la main une sensation de chaleur âcre, & même un peu douloureuse, qui tient en quelque sorte de l'effet qu'auroient les particules ignées, si elle agissoient immédiatement sur la main : la cause doit en être rapportée aux différens sels que la neige renferme, qui se développent par le frottement, pénètrent dans les houpes

nerveuses répandues dans toute la
main , & sur-tout à l'extrémité des
doigts , où réside principalement
l'organe du tact ; aussi est-ce là où
l'on ressent le plus vivement l'impression de cette espèce de chaleur
que cause la neige. Si on met donc
la main dans la neige, on sent d'a-
bord du froid, ensuite du chaud,
parce que les particules les plus dé-
liées de la neige , qui se fondent,
entrent dans les pores de la peau ,
& s'appliquent très-exactement aux
petites fibres des nerfs : elles bou-
chent les pores , & concentrent la
vapeur chaude qui en sortiroit pour
former l'atmosphère propre à chaque corps. Cette chaleur retenue
s'arrête aux extrémités , où elle
s'amasse pendant un certain tems, &
cause après un plus grand sentiment
de chaleur. On ne doit pas conclure de là que la neige soit chaude
par elle-même , ni de ce qu'elle fait
quelquefois monter la liqueur d'un
thermomètre , lorsqu'on en couvre
la boule : ce mouvement n'arrive

que lorsque la neige eft moins froide que l'air libre auquel le thermomètre eft expofé, & alors fans que la neige éprouve, de la part de l'air, aucune modification nouvelle, on voit defcendre la liqueur après qu'elle a monté, parce que les particules les plus fubtiles de la neige pénétrant à travers les pores du verre, y ont fait entrer de nouvelles parties nitreufes.

§. V.

Température de l'air où la neige fe forme & fe conferve : en quelle quantité elle peut tomber.

On ne peut pas aifément décider à quel degré de température doit être l'air pour que la neige puiffe fe former & tomber enfuite. L'opinion commune eft que lorfqu'il doit neiger, l'air s'adoucit & la température tend au dégel; ce qui ne paroît pas être conftant; car fi la neige annonce un adouciſſement dans le froid, ce ne peut être que lorſque le tems tourne tout-à-fait au dégel, ce qui n'eſt pas ordinaire à la ſaiſon où les froids ſe font ſentir avec le plus de force, & durent le plus long-tems. Nous avons vu dans les derniers hivers des neiges abondantes ſuivies de froids longs & piquants. Dans les régions plus ſeptentrionales, la neige ne s'accumule ſur la terre à une certaine hauteur, que lorſque les vents du nord ont condenſé toute la maſſe de leur atmoſphère, qui devient d'un froid extrême. Alors on y voit tomber en abondance cette neige menue & radiée, qui eſt aſſez long-tems le jouet des vents, avant que de ſe fixer ſur la terre & de la couvrir également. C'eſt ce qui arrive non-ſeulement dans le terrein inégal de la Laponie, mais encore dans ces vaſtes plaines qui s'étendent de l'extrémité de l'Europe, entre l'orient & le nord juſqu'à la mer glaciale & à celle de Tartarie.

La neige se montre sous la même forme dans nos climats, lorfqu'elle commence à tomber par un
tems froid; & comme on fçait
qu'il fait ordinairement plus chaud
à la furface de la terre que dans les
régions plus élevées de l'atmofphère, & en même-tems que plus
on s'éloigne du niveau de la mer,
plus cette chaleur diminue; on ne
peut rien conclure de l'état de l'air
dans lequel on eft immédiatement,
relativement à celui où doit fe former la neige. Ainfi le thermomètre
annonçant un degré de chaleur
affez confidérable, il ne s'enfuit pas
qu'il ne faffe très-froid dans le
haut de l'atmofphère, & qu'il ne
puiffe s'y former de la neige &
même de la grêle, en raifon de la
hauteur ou régnera le froid. Il y a
apparence même qu'il fe forme de
la neige à différens degrés d'élévation. Les fommets de la Cordilière
au Pérou, de l'Atlas en Afrique,
du Taurus en Afie, & des Alpes en
Europe, en font conftamment cou-

verts à différentes hauteurs, elle
ne fond même jamais sur les pointes les plus hautes, où il est probable que le froid est toujours au
même degré, & où il neige beaucoup
plus qu'il ne grêle ; l'air y est quelquefois si vif & si pénétrant qu'il
n'est plus possible d'y vivre.

On a observé dans les montagnes
du Pérou, que la neige, dans le
bas de la zone ou ceinture qu'elle
y forme, établit par tout une ligne
de niveau, relativement à la hauteur où elle ne fond plus, que l'on
peut appeller la ligne du froid
perpétuel & de la neige. Si on lui
donne toute l'étendue dont elle est
susceptible, & qu'on la prolonge
de l'équateur aux deux poles, on
ne la trouvera pas à la même hauteur dans les différens climats, &
on remarquera un changement dans
son parallélisme à la surface de la
terre. Il est évident qu'elle s'abais-
sera d'une manière graduée à mesure qu'on s'éloignera de la zone
torride en s'approchant des poles.

Cette ligne est élevée de deux mille quatre cent trente-quatre toises au-dessus du niveau de la mer, dans le milieu de la zone torride : vers l'entrée des zones tempérées elle n'aura que deux mille cent toises, en passant par le sommet de Theïde ou Pic de Ténériffe, qui a à-peu-près cette hauteur. En France & dans le Chili, elle ne sera élevée que de quinze ou seize cent toises, c'est à ce terme qu'on trouve dans les Alpes des montagnes entières de glace, de longues chaînes de glacières, des amas immenses de neige toujours subsistans, que l'on peut regarder comme les réservoirs inépuisables qui servent à l'entretien des lacs, des torrens, & des fleuves qui sortent de ces montagnes, & qui coulent par le reste de l'Europe à toutes les mers, par différentes directions. La ligne continuant à s'abaisser à mesure qu'on s'éloigne de l'équateur, elle vient à toucher la terre au-delà des deux cercles polaires. On ne doit

D v

tirer cette ligne & la considérer
que dans la saison la plus favorable
& la température la plus douce de
ces différens climats, lorsque l'été
s'y fait sentir. C'est à cette élévation variée qu'on trouve constamment de la neige sur les sommets
des montagnes. Celles de Sibérie
en restent couvertes à moins de
cent toises de hauteur. On entre
dans ces montagnes au sortir de
Solikamsca. Elles forment entre
elles une chaîne qui s'étend du
midi au nord, & sépare l'Asie de
l'Europe, depuis la racine du Cau-
case jusqu'à la mer glaciale. Ces
montagnes sont peu élevées, n'ayant
que cinquante à quatre-vingt toises
de hauteur, mais les rampes en
sont très-rapides; lorsque M. l'abbé
Chappes les traversa au commencement d'Avril 1761, la nature y
étoit encore tout-à-fait engourdie;
on reconnoissoit à la seule trace
des traîneaux que ces lieux étoient
habités. Un morne silence, une
sombre horreur règnoient par-tout;

on n'y entendoit d'autre bruit que les cris de ceux dont les traîneaux se renverfoient. L'hiver dans ces triftes régions dure pendant neuf mois, la neige ne s'y fond qu'à la fin de mai, & dès les premiers jours de feptembre elle recouvre de nouveau la terre. Pendant ce long hiver, les habitans font enfermés dans leurs chaumières, & pour aller de l'une à l'autre, ils font obligés de s'ouvrir des paffages fous des tas énormes de neige que les vents raffemblent. Cette neige, fort incommode pour les yeux, eft femblable à une pouffière très-fine qui pénétre par tout : elle paroît fe former des vapeurs à mefure qu'elles fortent de la terre ; le froid de l'atmofphère les condenfe tout de fuite, & le vent les précipite à la furface de la terre avant qu'elles aient le tems de fe réunir & de fe former en flocons : d'ordinaire le foleil brille pendant que cette neige tombe, ce qui lui donne un éclat fingulier, & la rend encore

D vj

plus nuisible à la vûe. C'est à-peu-près sous cette forme que tombe la neige dans toutes les régions les plus froides, en Laponie, dans l'Amérique septentrionale, & dans les isles qui sont à la même latitude, & où l'hiver se fait sentir aussi vivement.

En prolongeant encore la ligne, on trouve la neige plus bas; dans le Spitzberg, & les parties du Groenland les plus voisines du pole, on en voit des montagnes qui s'élèvent de la surface la plus abbaissée du sol & qui ne fondent jamais. On peut donc appeller cette ligne supposée, celle du terme inférieur & constant de la neige: car il doit y en avoir une autre, celle du terme supérieur, mais que selon toutes les apparences les sommets des plus hautes montagnes du monde n'atteignent pas. S'il y en avoit d'assez élevées pour porter leurs cimes au-dessus de tous les nuages, ces pointes seroient exemptes de neige & de glace dans leurs parties supérieures , qui probablement seroient formées de rochers absolument nuds ou d'un sable très-aride ; & comme elles pénétreroient dans cette même région où l'air n'est plus agité , on jouiroit à ce terme , si on pouvoit y parvenir & y vivre, d'une sérénité parfaite & perpétuelle. Les anciens avoient l'idée de cette position, ils en firent le séjour de leurs divinités , & ils supposèrent en conséquence que l'on étoit sur l'Olimpe dans ce calme inaltérable. On a dit la même chose du mont Ararat & du Pic de Ténériffe , quoique ce dernier , plus élevé que toutes les montagnes de l'ancien continent , n'atteigne pas même tout-à-fait le terme de la congélation.

Dans les opérations faites par les académiciens françois , sur les montagnes du Pérou , quelques-unes de ces montagnes qui servirent à leurs triangles, comme le Cotopaxi, ont une partie neigée de six à sept cent toises de hauteur perpendiculaire,

& le réfultat de leurs obfervations fur
cet objet, eft que l'intervalle, dans
le fens perpendiculaire ou vertical,
entre les deux termes de la neige,
le haut & le bas de la zone qu'elle
peut former, eft au moins de onze à
douze cent toifes, dans la zone torride : & s'il y avoit des montagnes
affez hautes, on leur verroit une
ceinture de neige & de glace qui com-
menceroit à deux mille quatre cent
quarante toifes au-deffus du niveau
de la mer, & qui finiroit à environ
trois mille cinq cent ou trois mille
fix cent toifes ; non par la ceffa-
tion du froid, puifqu'il eft certain,
au contraire, qu'il augmente à mefure qu'on s'éloigne du niveau le
plus bas de la terre, & qu'on s'approche des régions les plus élevées
de l'atmofphère, mais parce que
les nuages ou les vapeurs ne peuvent pas monter plus haut (a). On

---

(a) Voyez la relation abrégée du voyage
au Pérou, de M. Bouguer, dans les mém.

peut, d'après les mesures comparées de la ligne fuppofée de l'équateur aux extrémités du globe, fe
faire une idée de l'élévation de
la terre fous les cercles polaires &
dans les climats qui y touchent,
d'où elle femble aller toujours en
s'abaiffant jufqu'à l'équateur, où
l'on trouve les plus hautes montagnes du monde, & la température
des régions les plus froides à leur
fommet, des neiges & des glaces
éternelles de même qu'aux deux
poles.

La neige & toutes les concrétions
qui lui reffemblent, fe forment
donc tantôt plus haut, tantôt plus
bas, & par un degré de froid inégal. C'eft ce que l'on peut obferver
dans nos climats; j'ai vû neiger en
hiver par des températures bien
oppofées, depuis un degré au-deffus
du terme de la congélation jufqu'à

de l'acad. des fciences. An. 1741. pag. 249
& fuiv.

quinze au-deſſous. Je ne parle pas ici de ces neiges extraordinaires, que l'on voit tomber quelquefois en été, & qui ſont l'effet de quelques coups de vent paſſagers, qui raſſemblent des vapeurs & des exhalaiſons aſſez froides pour faire paroître un moment dans la ſaiſon de la chaleur, les phénomènes du froid de l'hiver. Je ne conſidère ici les choſes que dans leur état ordinaire, & je ne ſuis la nature que dans ſa marche reglée.

Elle nous apprend que le degré de froid de la neige eſt égal à celui de l'air lorſqu'elle tombe, ou qu'elle acquiert peu de tems après, car on remarque qu'en reſtant ſur la terre, elle ſe met au degré de la température qui domine, que ſon froid diminue en même proportion que celui de l'air, dont elle ſuit par conſéquent les viciſſitudes. Alors ſes parties ſe rapprochent, il ſe forme ſouvent à l'extérieur une croute plus épaiſſe & plus ſolide; ce qui n'arrive pas à quelque pro-

fondeur à un pied ou deux au-
deſſous de la ſurface, où la neige
reſte dans le même état qu'elle eſt
tombée. C'eſt ce que prouve l'expérience des voyageurs au nord, qui
ſe trouvant ſurpris par la nuit dans
la campagne, ſe couchent ſous la
neige, & échappent par ce moyen
aux effets du froid qui pourroient
être mortels, ou leur geler au moins
quelque partie du corps : ils imi-
tent en cela les animaux du pays,
qui ſe tapiſſent ſous la neige & y
reſtent cachés auſſi long-teins que
la terre en eſt couverte. On a en
Pologne des chiens dreſſés qui vont
chercher les perdrix ſous la neige,
& les en font ſortir, ou les y
prennent. On raconte à ce ſujet
qu'un ambaſſadeuur de la Porte à
la cour de Varſovie, ſe trouvant
ſurpris par une nuit obſcure dans
les plaines de Pologne, loin de toute
habitation, ſes gens lui formèrent
un logement complet & même une
cuiſine ſous la neige ; il s'y trouva
auſſi commodément que dans une

auberge. On conçoit comment il étoit possible d'y ressentir moins de froid que dans le palais de glace, qui fut élevé à Pétersbourg au mois de janvier 1740.

Dans les climats tempérés il est difficile de se faire une idée de la quantité de neige qui tombe dans les régions septentrionales, & souvent avec une promptitude si grande, qu'il semble que des nuages de cette matière s'abaissent tout-à-coup sur la surface de la terre qu'ils couvrent. M. Leopold rapporte, dans son voyage de Suede, qu'en 1707, il neigea pendant une seule nuit, dans la partie montueuse du Smaland, de la hauteur de trois pieds. On observa en 1729, sur les frontières de Suede & de Norvège, près du village de Villaras, qu'il y tomba subitement une si affreuse quantité de neige, que quarante maisons en furent couvertes, & tous ceux qui étoient dedans étouffés. Au mois de mars 1770, la neige a été si abondante dans ces mêmes provinces, que tout commerce, sur-tout du côté du nord, a été interrompu. Au mois de janvier 1741, il tomba à la Nouvelle Yorck, dans l'Amérique septentrionale, une si grande quantité de neige pendant quarante-huit heures, que la terre en fut couverte à seize pieds de hauteur. Nous ne connoissons pas dans l'ancien continent ces effets extraordinaires & extrêmes de la nature, dans les différentes saisons: ils semblent réservés à ces terres nouvelles, où elle déploie ses forces avec un plus grand appareil. Dans nos climats sa marche quoique souvent incertaine, au moins à nos conjectures, est plus modérée. Nous avons vu avec étonnement dans nos provinces, le 31 mars 1769, tomber de la neige près de vingt-quatre heures de suite. Elle avoit commencé à neuf heures du matin, & étoit alors très-fine. Les flocons augmentèrent ensuite de volume, au point que quelques-

uns avoient plus d'un pouce de diamètre fur une ligne ou deux d'é-
paiffeur. Quoiqu'elle fondit à mefure qu'elle touchoit la terre, il en
étoit tombé une fi grande quantité
que le lendemain matin, il y en
avoit par-tout fur la terre de plus
de trois pouces d'épaiffeur, excepté
fur les couches chaudes du jardin
où elle ne tenoit pas un inftant ; je
crus même obferver que leur atmofphère déja échauffée fondoit la
neige avant qu'elle ne touchât le
fol, qui ne fût que légérement hu-
mecté. La neige avoit commencé
par un vent de nord-eft fort fec
qui duroit depuis plufieurs jours.
L'air étoit froid & piquant : j'exa-
minai plufieurs des plus gros flocons, ils étoient tous compofés de
petites étoiles à fix pointes fort ai-
guës & blanches ; après midi & fur
le foir tous les petits flocons étoient
féparés & mêlés de très-petits grains
ronds qui fe fondoient plus difficilement que les flocons étoilés.

Il eft difficile de faire aucune

conjecture solide sur la quantité de neige qui doit tomber : elle varie dans les climats différens. Passé le quarante-unième degré de latitude, elle tient rarement sur la terre, excepté sur les sommets des montagnes. A Rome on a regardé comme un phénomène extraordinaire qu'en 1768 il y eût de la neige au mois de mars, qui s'y soutint pendant quelques jours. Cependant à l'isle de Fer, la plus occidentale des Canaries, & qui n'est qu'environ au vingt-huitième degré de latitude, la neige y tombe avec tant d'abondance, qu'il arrive que des moutons que l'on met dans les pâturages, en sont couverts pendant l'espace d'un mois, au point qu'on ne les découvre plus que par une vapeur épaisse, qui s'élève de l'endroit où ils sont rassemblés, & qui perce à travers la neige dont ils sont couverts; ce que l'on doit attribuer à la hauteur de cette isle au-dessus du niveau de la mer.

En 1770 il est tombé de la neige

dans la partie méridionale de l'A-
pennin , environ au quarante-troi-
ſième degré de latitude , plus que
de mémoire d'homme on n'y en
avoit vu. Le 29 janvier à Montepulciano en Toſcane & dans les
environs , il y en avoit à une telle
hauteur , que les chemins en devinrent tout-à-fait impraticables ,
& que les habitans furent renfermés dans leurs maiſons pendant
quelques jours ſans pouvoir en ſortir. La nouveauté de ce phénomène
en impoſa ſans doute à des peuples
qui n'y étoient pas accoutumés , de
même qu'à un couvent de Capucins
ſitué ſur une montagne à trois lieues
de Montepulciano , où la neige fut
ſi abondante , que ces religieux ,
enfermés dans leur maiſon , furent
à la veille d'y périr de faim. Ils
durent leur conſervation à quelques gens du pays , plus courageux
que les autres , qui ouvrirent dans
la neige un chemin juſqu'au couvent , dans l'intention de ſecourir
les Capucins & de leur porter des

vivres, qui arrivèrent d'autant plus à propos que depuis quelques jours, ils ne mangeoient déja plus que ce qu'il falloit pour ne pas mourir de faim. On ne peut pas déterminer au juste la quantité de neige qui tombe dans nos climats septentrionaux. Depuis le 30 novembre 1769, jusqu'au 11 avril 1770, il a neigé à vingt-cinq reprises différentes, & cependant il n'y en a jamais eu plus d'un pied d'épaisseur sur la terre, dans les montagnes de Bourgogne, environ le 17 janvier, tems auquel elle a été le plus abondante & a tenu le plus long-tems, elle fondit ensuite, & il en tomba à peu près la même quantité du 18 au 22 de février. Il n'en restoit plus sur la terre dans les premiers jours de mars. Le 20 de ce même mois elle en fut couverte de nouveau, elle se soutint pendant plusieurs jours; mais il n'en étoit pas tombé dans tout cet hiver autant que les nuits du 6 & du 7 d'avril, quoiqu'elle fondit

en tombant, il y en eut le matin
de ces deux jours plus de quatre
pouces ſur la terre, qui cependant
diſparut avant midi. Le 10 & le
11 il ne ceſſa pas de tomber de
la neige mêlée de pluie, dans laquelle on diſtinguoit des flocons
très-blancs, qui avoient plus d'un
demi-pouce de diamètre. Au commencement de ce même mois, il
y en avoit de huit à dix pieds de
haut du côté de Francfort, ſur les
montagnes, & la plupart des vallées en étoient comblées; tout le
long de l'Alſace & dans les Voſges
il y en avoit autant. La fonte de
ces neiges a occaſionné le déborde-
ment de pluſieurs grandes rivières
& des inondations très-fâcheuſes.

§. VI.

§. VI.

Légéreté de la neige. Quantité d'eau qu'elle donne en se fondant. Son utilité pour la conservation des plantes, & de quelques corps.

Tant que la matière de la neige garde la forme qu'elle avoit en se détachant de la nuée, elle conserve quelque chose de son premier état de raréfaction, ses parties sont entièrement pénétrées de ce fluide subtil, que nous avons reconnu être mêlé dans toutes les vapeurs & les exhalaisons, qui contribue plus que tout autre agent naturel à leurs modifications. C'est le mélange de ce fluide qui rend la neige si légère, si raréfiée & capable de fournir à une prompte & abondante évaporation ; c'est ce qui fait que les vapeurs qu'elle répand dans l'atmosphère sont plus susceptibles

d'un grand mouvement que celles
qui fortent des eaux ou de la terre,
& que les fontes de neige font toujours accompagnées de vents impétueux, qui ont leur origine dans
les lieux mêmes où elle eſt accumulée en plus grand volume, d'où
ils s'étendent en diverſes directions par le reſte de l'atmoſphère,
ſouvent à une très-grande diſtance;
c'eſt la véritable cauſe des grands
vents qui ſe font preſque toujours
ſentir dans le tems des équinoxes.

On ne peut douter que la neige
ne contienne une grande quantité
de matière éthérée, par le peu d'eſpace qu'elle occupe, lorſqu'elle eſt
fondue; ſi elle n'eſt ni preſſée ni
foulée en tombant, elle a dix ou
douze fois plus de volume que lorſqu'elle eſt diſſoute, c'eſt-à-dire,
que dix ou douze pouces de neige
ne rendent pas plus d'un pouce
d'eau & ſouvent encore moins,
parce que à meſure qu'elle change
de modification, la matière éthérée
s'échappe. On voit la neige avant

que de se réduire en eau rentrer, pour ainsi dire, en elle-même : ses parties intégrantes s'affaissent les unes sur les autres, & son volume diminue : elle ne se résout pas comme les autres corps qui se fondent à la chaleur, comme le beurre, la graisse, ni même comme la glace dont la dissolution commence par les parties extérieures qui deviennent fluides les premières ; toute la masse de la neige s'affaisse, se rapproche, & se dissout en même-tems.

Nous ne considérons ici la neige que dans l'état où elle tombe, lorsqu'elle n'a encore souffert aucune altération : il n'en est plus de même après qu'elle a été quelque tems sur la terre, & que soit par les émanations du fluide ignée terrestre, soit par la pression de l'atmosphère, elle est devenue une masse plus solide. C'est dans cet état sans doute que M. de la Hire la considéroit, lorsqu'il dit, d'après les observations rapportées dans l'histoire de l'aca-

démie des sciences, année 1711.
(*pag.* 16.) que la neige étant fondue se réduit toujours à la cinquieme ou sixieme partie de la hauteur
qu'elle avoit : ce qui est rapporté
ensuite doit donner une idée plus
juste de la réduction de la neige,
& de l'espace qu'elle occupe dans
son état naturel. « Il tomba la nuit
» du 13 au 14 février 1711, de la
» neige qui se réduisit environ à la
» douzieme partie de sa hauteur,
» c'est-à-dire qu'en se fondant elle
» diminua une fois plus qu'à l'or-
» dinaire ; la raison en étoit, ainsi
» que M. de la Hire le remarqua,
» qu'elle étoit fort fine, fort déliée,
» & toute en petits filets extrême-
» ment secs, qui se soutenant les uns
» les autres, occupoient beaucoup
» d'espace. A cause de cette même
» sécheresse, elle s'attachoit peu
» sur les toits, & ce qui en étoit
» tombé du côté du nord d'où ve-
» noit le vent, en avoit été entié-
» rement emporté, quoiqu'il en
» fût tombé six à sept pouces ».

Weidler, (*obfervat. météreol.*) dit qu'ayant fait fondre en 1729 de la neige fort mince, & qui reffembloit à de petites étoiles, il la trouva vingt-quatre fois plus rare que l'eau, c'eft-à-dire que vingt-quatre pouces de neige ne donnèrent qu'un pouce d'eau. C'eft dans cet état qu'il faut confidérer la neige, telle qu'on la voit dans le fort de l'hiver dans les pays qui en font couverts pendant fix ou fept mois; c'eft une efpece de pouffière fine & féche, haute communément de quatre ou cinq pieds dans les endroits où il y en a le moins, dans laquelle il eft impoffible de marcher quand une fois elle eft parvenue à cette hauteur, & tant qu'elle refte dans cet état.

La quantité de matière éthérée ou de fluide fubtil mêlé avec les molécules organiques de la neige, eft fans doute la caufe pourquoi elle contribue tant à la fertilité des terres & à l'accroiffement des végétaux, auxquels elle fert de couver-

E iij

ture pendant les rigueurs d'un long hiver, & dont elle conserve les semences & les plants. Au retour d'une température plus douce, on les voit pousser avec rapidité, pourvu que la neige qui les couvroit se soit fondue insensiblement, ait pénétré doucement les plantes qu'elle ranime d'une nouvelle vigueur, car en fondant subitement, elle pourroit détruire l'organisation & le tissu des végétaux encore tendres, dont les parties intégrantes ne sont alors que foiblement unies les unes aux autres. Il faut encore pour cela que la douceur de la température se soutienne, car rien n'est plus pernicieux aux arbres & aux plantes qu'une neige qui séjournant sur la terre se fond en partie pendant le jour, pour se geler de nouveau pendant la nuit suivante. Les pores des plantes dilatés par l'humidité qui les a pénétrés de toutes parts, se trouvent tout d'un coup remplis d'une multitude de petits glaçons, qui comme autant de coins les font éclater & les détruisent. C'est ce qui fit mourir dans plusieurs contrées du bas Languedoc & en Provence quantité d'oliviers, de figuiers & d'autres arbres à fruit pendant l'hiver de 1755. En 1709 la même cause détruisit la plus grande partie des noyers & des autres arbres aussi vigoureux ; c'est ce qui fait périr si souvent les arbres fruitiers dans les plaines humides & glacées des régions septentrionales ; il n'y a que les arbres extrêmement durs ou résineux qui par leur tissu particulier ne reçoivent pas l'humidité extérieure, qui résistent à ces variétés de température, à ces alternatives d'une chaleur humide & d'un froid sec & pénétrant.

On a cependant toujours observé que les années où il tombe beaucoup de neige qui reste assez longtems sur la terre, ne sont jamais stériles ; à quelque degré d'intensité que le froid soit porté. Nous avons vu à la suite des hivers de 1767 &

1768, le printems s'ouvrir avec toutes les apparences d'une récolte heureuse, qui à la vérité furent bientôt altérées, par des froids extraordinaires, des pluies & des vents nuisibles, dans une saison où l'on ne devoit s'attendre qu'aux agrémens d'une douce température; on ne pouvoit pas attribuer ces accidens à l'abondance de la neige & au tems qu'elle avoit séjourné sur la terre, car si elle en eût encore été couverte au mois de mars 1768, la forte gelée qui dura du cinq au douze, n'eût pas fait autant de ravages; les plantes eussent été garanties & se fussent développées avec autant d'avantage que celles qui croissent sur les sommets des montagnes couvertes de neige pendant la moitié de l'année. On voit qu'elles sont mieux nourries, plus fraîches, plus vigoureuses, plus substantielles que celles de même espèce qui croissent dans les terres basses. Ce météore qui tient les habitans de la Savoie, de la Mau-

rienne & d'une partie de la Suisse,
enfermés sous leurs cabanes, pendant un hiver toujours long & rigoureux, les console au retour de
la belle saison, & les dédommage
de la gêne où il les a tenus. Le bétail qu'ils ont nourri avec peine,
d'un peu de chaume sec, pendant
six mois au moins, qui paroît mai-
gre & exténué, n'a pas plutôt passé
quelque tems dans ces pâturages
fertiles, que les rayons du soleil
font sortir de dessous la neige,
qu'il reprend une nouvelle vigueur
en broutant les plantes salutaires
qu'elle a conservées. Elle est la
source la plus certaine de l'aisance
à laquelle peuvent aspirer les habitans d'un pays pauvre par lui-même, & dont le produit du bétail
est toute la richesse. La neige est
pour eux ce que les eaux du Nil
font pour l'Egypte : si elle man-
quoit, si leurs montagnes déja si
arides étoient desséchées par une
longue gelée, par ces froids piquants & secs qui sont si funestes

aux contrées les plus heureuses, toute ressource leur seroit enlevée. Sur les coteaux les plus élevés du mont Atlas & tournés au nord, où la neige se conserve pendant cinq ou six mois de suite, on voit dès le mois d'avril, lorsqu'elle commence à fondre, la pointe des épis percer à sa surface, croître & se fortifier à mesure qu'elle diminue, & la récolte s'en fait dès que la terre est absolument découverte. Sans ce bienfait de la nature, ces terres chaudes & séches ne pourroient pas fournir à l'entretien d'une végétation aussi féconde.

Ainsi la neige sert de plusieurs manières à l'avantage des plantes, tant parce qu'elle intercepte l'action du froid extérieur, que parce que la chaleur de la terre resserrée dans son sein, accélère l'accroissement des racines, les fortifie, & dès que la température s'adoucit, la plante pousse avec vigueur, les sels de la terre se développent plus facilement; la glèbe est cuite en quelque forte, la neige l'a entretenue dans une douce fermentation, dont elle a conservé la chaleur sans l'étouffer. La manière dont la neige tombe & se rassemble sur la terre contribue à ces avantages. Elle la charge moins qu'elle ne la couvre, elle ne vient qu'insensiblement, & ne produit son effet qu'à la longue : en quoi elle diffère de la pluie, dont l'action se manifeste souvent avec une rapidité nuisible. Ce qui fait dire à Pline que : « les vœux » des arbres & des fruits sont que » la neige dure longtems sur la » terre, parce que non-seulement » elle retient & comprime l'ame de » la terre (le fluide ignée) qui s'en » exhaleroit, & qu'elle repousse au- » dedans sur les racines des produc- » tions & leurs semences ; mais enco- » re parce qu'elle leur communique » insensiblement une humidité lé- » gère & pure, une humeur qui ne » les soule pas tout d'un coup, qui » ne les affoiblit pas en les de- » layant, mais qui distille à me-

E vj

» fure que la plante en a befoin,
» comme le lait d'une mammelle
» qui nourrit fans inonder (a). Ainfi
» la terre fermente pleine de fucs,
» fans être épuifée par les femen-
» ces qui en tirent une nourriture
» abondante. Dès que le printems
» s'ouvre, que l'air s'adoucit, on
» la voit fe prêter à une végétation
» heureufe & forte ; c'eft par ce
» moyen fur-tout que s'engraiffent
» les champs, & que les blez fe
» confervent & fe multiplient (b).

(a) *Ergo humor ex his non univerfus, ingurgitans diluenfque, fed quomodo fititur diftillans, velut ex ubere alit omnia quæ non inundat.... Plin. hift. natural. lib. 17. cap. 2.*

(b) La terre eft ordinairement couverte de fept à huit pieds de neige dans le Canada pendant l'hiver ; dès qu'elle eft fondue, la terre fe couvre de verdure, les arbres de feuilles & de fleurs, & les femailles lèvent avec une rapidité étonnante, quand la terre n'a pas été gelée fous la neige. *Voyez* les obfervations météréologiques faites à Québec en 1743.

La neige a une autre utilité dans les pays chauds, on l'y emploie au lieu de glace pour rafraîchir les liqueurs en été, & on la conserve de même que la glace dans les glacières. Pour cela on la ramasse par pelottons sur les montagnes où elle s'accumule, ou dans les plaines où elle séjourne quelque tems; on la bat, on la presse afin qu'il n'y reste point de vuides, & dans les plus grands froids, on y jette de l'eau qui en remplit les intervalles en se gelant aussitôt.

Quoique presque par-tout on regarde la neige comme une couverture incommode tant qu'elle est répandue à quelque hauteur sur la terre, elle a donc des usages reconnus, & une utilité marquée. Si l'on s'en rapporte à Thomas Bartholin, fameux médecin danois, elle a plus de propriétés encore

___

dans les mém. de l'acad. des sciences, an. 1744.

qu'on ne lui en connoît. Il a fait un livre affez confidérable pour prouver combien la neige eft utile dans la médecine. Après avoir expliqué comment elle fertilife la terre, il affure qu'elle eft un préfervatif contre la pefte, qu'elle guérit les fièvres, les coliques, les maux de tête & d'yeux, auffi bien que les pleuréfies. Il dit que pour cette dernière maladie les payfans du Dannemarck prennent de l'eau de neige ramaffée au mois de mars: il prétend même qu'elle prolonge la durée de la vie: il donne pour exemple les habitans des Alpes, qui parviennent à un grand âge; il auroit pû, à plus forte raifon, citer les Suédois, les Lapons, les peuples de la Norvège, où l'on trouve tant de vieillards qui ont vécu plus de cent ans.

La neige a encore la propriété de conferver les corps morts, ce que le même auteur prouve par quelques perfonnes enfévelies fous la neige en paffant les Alpes, &

qu'on a retrouvées dans le milieu
de l'été, après la fonte des neiges,
sans qu'elles fussent corrompues ; ce
qui arrive de même en Laponie,
au Groenland, dans le Spitsberg
& même dans les terres glacées de
la Sibérie. Mais c'est l'action du
froid plutôt qu'aucune vertu particulière à la neige qui conserve les
corps morts en les roidissant, en
arrêtant la fermentation des hu-
meurs, & le mouvement intestin
qui en est la cause, ainsi que de la
corruption & de la dissolution des
corps. C'est par cette raison que les
peuples de l'Islande couvrent leurs
viandes & leurs poissons de neige,
qui, en les durcissant, & en empêchant l'action de l'air extérieur,
leur procure le même avantage
qu'ils pourroient tirer du sel & de
la saumure, & sans doute leur rend
plus salutaire l'usage de ces alimens :
ces expériences prouvent que la
neige, à raison de la quantité d'esprits de nitre dont elle est pénétrée, doit être regardée comme

un anti - septique très - efficace.

Bartholin remarque encore que les corps ainsi conservés demeurent dans les mêmes postures & les mêmes attitudes où ils étoient au moment de leur mort. Il rapporte pour exemple ce qui arriva à la levée du siège de Copenhague par les Suédois, le 11 février 1659. « On fit, dit-il, un grand carnage » des ennemis, & pendant leur » déroute il survint une neige » abondante, sous laquelle ils fu- » enfévelis en partie : on les trouva » quelque tems après couchés par » terre, les uns roides & montrant » un visage en colère, les autres » avec les yeux levés au ciel, d'au- » tres la bouche ouverte paroif- » foient grincer des dents, d'autres » l'épée à la main avançoient le bras » comme s'ils euffent voulu défier » leurs ennemis au combat. (a) ». On voit dans tout ce détail que

---

(a) Bartholin , *de usu nivis* , cap. 2.

Bartholin vouloit accréditer son sentiment particulier par quantité de prodiges, dont la plupart n'exiſtoient que dans ſon imagination; & que les effets qu'il attribuoit excluſivement à la neige, ſont en général ceux d'un froid violent. Ainſi la neige a quelques qualités reconnues pour rendre la terre fertile, mais ſa grande utilité vient de ce que dans les pays ſeptentrionaux, elle garantit les blez & les autres végétaux de la rigueur immédiate du froid, & ſur-tout des vents ſecs & perçans qui détruiſent en grande partie les ſemailles : c'eſt pour cela qu'après les neiges fondues, les agriculteurs redoutent tant les vents du nord, & les gelées tardives, qui font plus de tort à la récolte, lorſqu'elles durent quelque tems, que les froids les plus violens de l'hiver (a).

(a) Théologie phyſique de Derham, ch. 3. des nuages & de la pluie.

§. VII.

Utilité de la neige dans les régions septentrionales.

La neige est d'une utilité particulière aux pays septentrionaux; elle établit pendant l'hiver une communication entre les provinces les plus éloignées, par des marais & des bruières inabordables, en toute autre saison. C'est alors que l'on voyage aisément dans ces vastes régions avec le secours des traîneaux, & que l'on transporte les denrées d'une province à l'autre. Il est aussi commode de marcher la nuit que le jour : Olaus Magnus nous apprend que dans les contrées les plus au nord, lorsque la lune luit, & que la neige en réfléchit la lumière, on peut faire sa route sans peine, découvrir de loin les ours & les autres bêtes féroces, & se précautionner contre leurs attaques.

Dans ces climats, les jours font alors très courts, & les nuits longues, à proportion que l'on eſt plus près du pole. La manière de voyager dans les montagnes, eſt de faire par jour deux milles, qui répondent à douze milles d'Italie ou quatre grandes lieues de France. Mais dans les nuits éclairées par la lune, on fait deux ou trois fois autant de chemin, & cela très-ſûrement, parce que la réflexion de la lumière de la lune ſur la neige, éclaire également, des quatre côtes, les penchans des montagnes, de manière que l'on peut découvrir de loin l'eſpace que l'on a à parcourir, les obſtacles qui peuvent s'y rencontrer, & prendre ſes précautions pour les éviter. Dans ces terres glacées & neigeuſes telles que la Sibérie, on découvre les objets de beaucoup plus loin, en voyageant la nuit, que dans les régions plus tempérées, telles que la France ou l'Angleterre ; même ſans lune l'air y eſt plus net, plus lumineux pendant la nuit. Outre l'effet de la neige, l'intenſité du froid de ces climats, peut contribuer à ce phénomène. Il purge l'air de ces vapeurs épaiſſes qui l'obſcurciſſent dans les régions tempérées, où les rayons du ſoleil excitent preſque tous les jours une évaporation ſenſible, qui répand dans l'atmoſphère, quantité de vapeurs qui ſe condenſent par le froid de la nuit, & rendent l'air plus épais & plus obſcur.

Dans la Laponie & les régions qui ſont couvertes de neige pendant la plus grande partie de l'année, dès le commencement de l'hiver, on marque avec de hautes branches de ſapin, les chemins qui doivent conduire aux lieux fréquentés, tant ſur les terres que ſur les lacs & les fleuves glacés, ſur leſquels on paſſe de préférence, parce que la ſurface en eſt plus unie. Dès que les traîneaux ont foulé la première neige qui couvre les chemins, & les ont creuſé ; la nouvelle neige que les vents répandent

de tous côtés, les relève & les met
de niveau avec le reste de la campagne ; de sorte qu'il se forme,
après un certain tems, des chauffées
de neige foulée, fort solides, dont
on a le plus grand soin de ne pas
s'écarter, car à droite ou à gauche
on tomberoit dans des abymes de
neige. Dans le fond des forêts &
dans les lieux écartés, les Lapons
ne retrouvent leurs chemins qu'à
certaines marques faites aux arbres,
& s'il survient des ouragans assez
communs dans la saison des neiges,
on ne peut voir à deux pas de soi,
ni se conduire ; de sorte qu'il n'est
plus possible de reconnoître la route
que l'on a tenue. On ne peut parer
à ces inconvéniens, qu'en passant
sous des tentes que l'on porte avec
soi, le tems de ces orages, qui quelquefois durent assez long-tems :
encore souvent il est très-difficile
d'assurer ces tentes, ce que l'on ne
peut faire qu'avec le secours des
arbres auxquels on les accroche.
Les Lapons, peuple très-crédule,

ont alors mille histoires prodigieu-
ses à raconter de gens qui ont été
enlevés avec leurs Rennes & leurs
traîneaux, & jettés dans des précipices, sur les rochers ou dans les
lacs, où ils sont restés ensévelis, &
dont jamais on n'a depuis entendu
parler.

C'est néanmoins dans la saison
où les neiges sont le plus abondantes, & dans le fort de l'hiver, que
les habitans de ces contrées glaciales & presque désertes, font tout
le commerce utile dont leur pays est
susceptible. C'est alors que se fait
le transport de la pelleterie, du
poisson sec, des bois de construction & de quelques autres denrées, qui sont la ressource de ce
pays si pauvre par lui-même ; que
l'on charrie sur des traîneaux la
mine qui doit servir pendant l'été
à l'entretien de quelques forges que
l'on trouve en Finlande & en Suede,
où il n'est possible de travailler que
cinq mois environ, la glace arrêtant
le reste de l'année le service que

l'on peut tirer de l'eau & des roues
qu'elle fait mouvoir. Le tems des
neiges eſt auſſi le plus favorable
pour voyager dans la plupart des
provinces de la Suede, & pour tranſ-
porter d'un lieu à un autre les denrées, ſoit de conſommation, ſoit de
commerce, ou néceſſaires à l'entretien des fabriques établies dans le
pays.

Il y a dans cette ſaiſon une ſûreté
à voyager que l'on ne trouve ni au
commencement ni à la fin de l'hiver. Les Rennes ne ſont pas encore
épuiſés par la longue diète à laquelle ils ſont réduits pendant toute
la ſaiſon des neiges, ne trouvant
que difficilement à ſe nourrir; il
leur reſte alors aſſez de forces pour
fournir de bonnes traites. Ils n'ont
pas cette vigueur, cette fougue avec
laquelle ils emportent les traîneaux
ſans qu'on puiſſe les retenir, & qui
font courir des riſques continuels
aux voyageurs, qui ſont horrible-
ment fatigués, & de la contrainte
où il faut qu'ils ſoient dans cette

eſpèce de voiture, & de la rapidité du mouvement auquel ils ſont ex-poſés, lorſque ces animaux ſont dans toute leur force, après s'être repoſés & nourris abondamment pendant tout l'été. On n'a pas non plus à craindre qu'ils tombent de fatigue en chemin, & qu'ils ne ſuffiſent pas à traîner les fardeaux les moins peſans, ainſi qu'il arrive ſouvent à la fin de l'hiver. Ce ſe-roit cependant la ſaiſon la plus commode pour ſuivre les chauſſées dont nous avons parlé, parce qu'a-près les premières fontes qui arri-vent à la ſuperficie de la neige, de nouvelles gelées forment une croûte de glace fort unie, aſſez forte pour porter les hommes & même les traîneaux, dont le mouvement eſt facile & très-doux : mais dans ce tems, un Renne qui faiſoit au commencement de l'hiver quarante lieues par jour, peut à peine en faire dix & quelquefois moins.

Les traîneaux dont on ſe ſert ap-pellés *pulkas* par les gens du pays,

ont

ont à peu près la forme d'une gondole; on y reste dans une même
position, courbé en arrière, & souvent on est obligé de s'y faire attacher, pour n'être pas renversé par
les mouvemens précipités des Rennes vigoureux, où dans les terreins
inégaux. D'une main on tient une
espèce de guide pour conduire le
Renne, de l'autre un bâton pour
redresser le traîneau, & le soutenir
en équilibre, lorsqu'il panche plus
d'un côté que de l'autre.

Ce n'est pas sans étonnement que
l'on voit alors les Finois & les Lapons traverser les sommets des montagnes & des rochers dont les intervalles sont comblés de neige, à
l'aide de deux planches fort minces
longues de sept à huit pieds, recourbées par le bout, & attachées à
leurs pieds, qui leur servent à glis-
ser sur la neige : il n'y a que l'habitude seule qui puisse enhardir à
cette manière de voyager. La nécessité de chasser pour fournir à leur
subsistance, & entretenir le com-

merce de fourures, qui leur eſt ſi utile & qu'ils ne peuvent faire que pendant l'hiver, leur a donné cette induſtrie qui ſurprend & effraie les étrangers, qui les voient courir ſur la neige avec la rapidité du vent; monter & deſcendre les montagnes les plus eſcarpées; franchir les précipices avec autant d'aſſurance que de dextérité ; ſuivre les Rennes les plus vigoureux à la courſe, & faire dans une heure cinq à ſix lieues. Dans toutes ces régions, ſi la neige ne tombe pas auſſitôt qu'à l'ordinaire, & dans la quantité accoutumée, le commerce eſt interrompu, & il en réſulte un dommage conſidérable. Nous verrons encore que la neige fournit, par une évaporation continuelle quoi qu'inſenſible, la matière de ces phénomènes brillans, de ces aurores boréales qui donnent un ſpectacle magnifique à ces contrées glaciales, & font oublier les horreurs de ces nuits froides qui durent ſi long-tems.

§. VIII.

Qualités avantageuses & nuisibles de la neige. Phénomènes particuliers qui précèdent, accompagnent ou suivent la chûte de la neige.

La quantité de flèches glaciales que les vents enlèvent de la surface de la neige, & qu'ils répandent dans l'air avec une multitude de particules salines & nitreuses, contribuent beaucoup à augmenter le degré du froid, & à en soutenir la durée. Nous en ressentons l'incommodité dans nos climats tempérés, lorsque la terre est couverte de neige & qu'il règne un vent sec & haut, quoique le ciel soit serein & que le soleil brille de tout son éclat. Alors on éprouve des gelées aussi fortes par les vents de sud que par ceux de nord; tant il est vrai que les particules glaciales qui se répandent de la neige dans l'air, entretiennent le froid. Mais ce qui est incommodité dans une saison & sous un climat, devient bienfait dans un autre. Les neiges qui couvrent perpétuellement les sommets des plus hautes montagnes de la chaîne des Andes, modèrent beaucoup les chaleurs que l'on reffent au Pérou, qui fans cela pourroient être exceffives. Il en eft de même de plufieurs autres pays fitués dans la zone torride, ou hors de cette zone dans le voifinage des tropiques. Par-tout, les vents qui ont paffé fur des montagnes couvertes de neige, refroidiffent toujours les plaines voifines où ils fe font fentir. C'eft par cette raifon que certains pays font plus froids ou moins chauds qu'ils ne devroient être, relativement à leur diftance de l'équateur. Ainfi l'Arménie eft trèsfroide, quoiqu'elle ne foit qu'au quarantième degré de latitude.

Nous avont vu plus haut qu'en Pologne & dans les régions qui s'é tendent au nord & à l'orient, les animaux & les oiseaux qui vivent dans la campagne, savent se tapir sous la neige & y vivre; nous voyons de même dans nos plaines en montagne, où la neige dure quelquefois très-longtems, les renards, les lievres & les perdrix faire des découverts, & même avancer sous la neige & chercher dans les productions de la terre, qu'elle couvre, leur nourriture ordinaire; mais aucun d'eux ne tire sa subsistance de la neige. On ne connoît point d'autre animal qui s'en nourrisse que ces vers blancs, gros comme le petit doigt, que l'on dit se trouver dans la neige des montagnes qui sont à trois journées à l'ouest d'Ispahan. On les voit se remuer vivement dessus, on en trouve dans la neige, & si on les écrase, on éprouve qu'ils sont excessivement froids. On ne sait s'ils se forment dans la neige, mais il est probable qu'ils y vivent, & qu'ils en tirent

F iij

leur nourriture (a). En général elle
est très-contraire à la santé, à la
force, à la vie même des animaux,
sur-tout de ceux qui vivent en liberté dans la campagne : elle les
prive de la facilité de trouver leurs
alimens ordinaires. Plusieurs pé-
rissent de faim si la terre est long-
tems couverte de neige : ceux qui
résistent à la rigueur du froid, &
aux tourmens de la faim, sont foibles, maigres, languissans, peut-
être meurent-ils des maladies qui
en sont la suite. Combien en
trouve-t-on de morts, sur-tout
parmi les oiseaux, avec toutes les
apparences d'avoir succombé à l'extrémité de la faim. Dans les terres
Arctiques, lorsqu'elles sont entiérement couvertes de montagnes de
glace & de neige, on voit les ours
braver avec une férocité intrépide,

(a) Voyages de Chardin, tom. 4. édit,
de 1711.

tout ce qui s'oppose à leurs entre-
prises pour soulager la faim qui les
dévore : les renards & les ours n'a-
bandonnent plus le voisinage des
habitations, toujours prêts à se jetter sur les animaux domestiques qui
pourroient en sortir. Les rennes &
les orignaux maigres & décharnés,
peuvent à peine se soutenir : ce
n'est pas l'excès du froid qui les
réduit à cet état, c'est la difficulté
& souvent l'impossibilité de trouver
leur subsistance.

Quant aux hommes, les vapeurs
qui sortent de la neige troublent
leur organisation au point d'arrêter
souvent toutes les sensations. Un
de ses inconvéniens les plus sensibles, est l'espèce de cécité qu'elle
occasionne. Comme la neige réfléchit la lumière avec force, il n'est
pas surprenant que ceux qui ont la
vue foible ne puissent pas en supporter l'éclat. Il n'est même per-
sonne qui, après s'être promené
longtems dans la neige pendant le
jour, n'en soit ébloui au point de

rester quelque tems comme aveuglé. Les hommes mêmes qui sont habitués au genre de vie le plus dur, les sauvages du nord, si robustes & si actifs, sont fort sujets à la cécité, maladie terrible pour eux, & très-douloureuse, qui est causée par l'action de la lumière fortement réfléchie sur la neige, sur-tout au printems quand le soleil commence à rester quelque tems élevé sur l'horison. Ils n'ont trouvé d'autre moyen de prévenir ce cruel accident, qu'en se servant d'habitude d'une sorte de garde-vue, qu'ils appellent *yeux à neige*, qui sont des petits morceaux de bois ou d'yvoire, ouverts d'une fente fort étroite de la longueur des yeux, à travers lesquels ils apperçoivent distinctement les objets & de fort loin, sans ressentir les incommodités d'une lumière trop vive.

C'est un inconvénient attaché à tous les pays couverts de neige. Ceux qui ont la vue foible & tendre, & qui ne sont pas habitués à

ce genre de lumière, ne peuvent
pas en supporter l'éclat éblouiffant :
ceux mêmes qui ont cet organe le plus
fort, éprouvent dans ce cas que la
lumière a une action extraordinaire qui les bleffe, s'ils font obligés d'avoir longtems les yeux fixés
fur des campagnes couvertes de
neige. On a fait cette remarque
dans tous les tems : Xenophon ra-
menant les Grecs du fond de l'Afie
dans le lieu de leur origine, &
étant arrivé avec fon armée dans
les montagnes d'Arménie, alors
toutes couvertes de neige, plufieurs
de fes foldats perdirent la vue par
le feul éclat de la lumière réfléchie;
tous en général en furent incom-
modés, & ils ne s'en garantiffoient
qu'en fe couvrant les yeux avec un
morceau d'étoffe noire. Un médecin Anglois racontoit à M. Boyle,
qu'après avoir parcouru la Ruffie
feptentrionale & la Sibérie, l'éclat
de la neige lui avoit tellement af-
foibli les yeux, que depuis ce tems
il en avoit toujours été incommo-

F v

dé *(a)*. C'eſt donc autant à la quantité de lumière que la neige réfléchit qu'il faut attribuer le mal qu'elle fait aux yeux, qu'à aucune qualité particulière qui lui ſoit inhérente.

On éprouve encore que la neige rend la reſpiration difficile, qu'elle affecte déſagréablement la gorge & les poumons ; que ſouvent même les exhalaiſons qui en ſortent cauſent un déſordre total dans l'organiſation, ſuivi d'une défaillance preſque toujours mortelle pour ceux qui ne ſont pas à portée de recevoir de prompts ſecours ; c'eſt ce qui eſt arrivé en divers tems à des hommes forts & vigoureux que l'on a trouvé morts ſur la neige ; accident qu'on ne peut attribuer qu'à une défaillance occaſionnée par l'action des vapeurs émanées de ce météore ; car ils n'avoient pas été étouffés,

____

(a) *Experiment. hiſtor. colorum. part.* 2. *cap.* 1.

ainsi qu'il arrive à ceux qui tombent dans les précipices qui sont remplis de neige, ou qui sont accablés par la chûte d'une masse considérable de cette matière. On trouva à la fin du mois de janvier 1767, dans la plaine élevée qui est entre Chanceaux & Saint-Seine, dans la Bourgogne septentrionale, un forgeron très-robuste, encore jeune, mort sur la neige; ce qui ne put être occasionné que par les effets dont j'ai parlé. Cet homme n'étoit pas malade, il ne venoit que d'environ deux lieues, chemin qui ne l'avoit pas fatigué; toutes les informations que l'on fit, prouvèrent qu'il n'étoit pas ivre : il fut donc surpris par une défaillance à laquelle il succomba, & qui probablement fut causée par l'état de l'air trop imprégné des vapeurs de la neige qui commençoit à fondre. Ce qu'il y eut de plus remarquable encore, c'est que son chien après avoir couru longtems aux environs, ainsi qu'on le reconnut à ses traces,

comme s'il eût cherché du secours
pour son maître, fatigué sans doute, s'arrêta auprès de lui, où on le
trouva mort : on prétend même
qu'il avoit été jusqu'à sa maison,
où, par ses aboiemens & ses cris,
il sembloit demander du secours,
& que n'ayant pu déterminer per-
sonne à le suivre, il revint se coucher à côté de son maître, où le
froid le saisit & où il mourut.
Exemple mémorable de la fidélité
de ces animaux pour ceux avec lesquels ils vivent en société.

L'eau de la neige fondue est très-
contraire à la santé, tant à raison
de sa froideur & de sa pesanteur,
que du nitre qui y domine; elle
affecte désagréablement le goût,
charge l'estomac, nuit à la diges-
tion & trouble le cours du sang;
c'est le sentiment des modernes.
Les anciens pensoient à peu près de
même. Aulu-Gelle (*liv.* 19. *ch.* 5.)
écrit que dans les pays méridionaux, les gens les plus raisonnables
s'abstenoient pendant les chaleurs

de l'été de boire des eaux de neige,
à cause des inconvéniens qui en ré-
sultoient, quoique ce fut un des plai-
sirs de cette saison. Ils regardoient
la neige comme une eau condensée,
qui, avant que d'arriver à ce point,
avoit perdu ses parties subtiles &
légères, les plus lourdes & les plus
malsaines restant. Ce n'étoit, selon
eux, que l'écume des vapeurs qui
servoient à la former. La preuve
de cette vérité étoit ce que la neige
perdoit de son volume dans la li-
quéfaction, par laquelle ils prétendoient encore que tout ce qui restoit de plus subtil & de plus léger
s'évaporoit. L'autorité d'Aristote,
cité dans ce même chapitre, y est
précise : il dit que l'usage des eaux
de neige & de glace est très-contraire à la santé, qu'elles portent
insensiblement dans la masse des
liquides un principe de corruption
& de désordre qui se manifeste de
toutes sortes de manières, mais qui
ne pardonne presque jamais. L'un
de ses effets les plus marqués, sont

les goêtres, ou ces tumeurs énormes adhérentes au col, que portent la plus grande partie des habitans de la Maurienne & quelques-uns de ceux de la Savoie. Il paroît que l'on ne peut attribuer la formation de ces goêtres qu'à un principe de condenſation & de concrétion, que les eaux de neige établiſſent dans les liquides. Car qui ſont ceux qui en ſont le plus communément affligés? ce ſont les payſans, les journaliers, les pauvres, & tous ceux qui uſent continuellement de ces eaux qu'ils ne peuvent tempérer par l'uſage du vin, & ſur-tout dans les contrées où il n'y a que de l'eau de neige fondue. Il eſt probable encore que les enfans nés de pères & de mères portans goêtre, ont dans leur ſang le principe de cette incommodité, que leur boiſſon ordinaire développe promptement, & dont le période eſt, que lorſqu'ils ſont arrivés à leur dernier point de groſſeur & de dureté, ceux qui les portent deviennent abſolument imbécilles : preu-

ve sans réplique du dérangement
total de l'organisation. Les habitans du royaume de Tipra, dans les
Indes orientales, au nord d'Aracan,
quoique sous le tropique du cancer, mais dans un pays fort mon-
tueux, & dont toutes les hauteurs
sont couvertes de neige pendant
l'hiver, sont sujets à ces tumeurs,
qui leurs pendent jusques sur les
mammelles, les hommes en ont
souvent deux de la grosseur du
poing ; ils regardent cette excres-
cence comme une beauté qui leur est
particulière : elle est sans doute produite par la même cause qui fait
naître les goêtres en Savoie.

Il est difficile de connoître par
des signes certains s'il doit tomber
de la neige ou de la pluie, & en
quelle quantité. Mussenbroek (§.
1412.) dit qu'il n'en avoit observé
aucun en Hollande; que cependant
si dans les mois d'hiver, sur-tout
dans celui de mars, le vent de
nord-ouest ou de nord soufflent, &
que la colonne de mercure soit

basse dans le baromètre, on remarque souvent qu'il survient de la neige, parce que la pluie qui tombe alors de quelque nuée, ayant à traverser un air très-froid, se convertit en neige. Je crois qu'on peut appliquer la même observation à tous les pays situés au-delà du quarante-quatrième degré de latitude, c'est-à-dire des Alpes au cercle polaire. C'est ce que nous avons observé dans nos climats dans le mois de mars 1770. Nous avons vu par des vents différents, l'air étant constamment froid, tantôt sec, tantôt embrumé, la colonne de mercure fort basse dans le baromètre; disposition qui étoit enfin terminée par la chûte de la neige, après bien des variations dans l'air, où il régnoit presque constamment deux vents opposés, qui occasionnoient plus, que toute autre cause, l'abaissement du mercure, parce que la colonne d'air divisée perdoit nécessairement beaucoup de son poids.

Les Suédois ont sur la neige une remarque qui est particulière au climat qu'ils habitent. Lorsque pendant l'hiver & dans la nuit, le ciel est couvert de nuages & qu'il paroît couleur de sang du côté de l'occident d'été, de même que si une maison, un arbre ou tout autre corps élevé étoit embrasé à une grande distance, ils appellent cette apparence feu de neige; & ils ont remarqué qu'alors il neigeoit toujours à deux ou trois lieues de l'endroit où l'on appercevoit ce phénomène, qui n'a lieu que dans l'obscurité de la nuit, & qui paroît être occasionné par les vapeurs & les exhalaisons qui s'élèvent de la neige. Il semble être le commencement d'une aurore boréale imparfaite, dont le développement est arrêté par l'humidité de l'air & l'épaisseur des nuées dont le ciel est couvert.

La chûte de la neige peut encore avoir ses phénomènes extraordinaires comme la pluie a les siens, &

entraîner dans sa chûte des corps étrangers dispersés dans l'air. Au mois de janvier 1749, à Leufta en Suéde, & dans quatre ou cinq paroisses voisines, on apperçut en plusieurs endroits, la neige couverte de vers & d'insectes de différentes espèces, bien vivants. Le plus grand nombre cependant étoit de certains vers à six pieds qui se tiennent ordinairement sous la terre; on avoit vu ces insectes tomber avec la neige, & plusieurs personnes en avoient ramassé sur leurs chapeaux. On fit ôter une partie de la neige des endroits où on avoit remarqué les vers, & il s'en trouva de nouveaux dans celle qui étoit précédemment tombée, & qui avoient été recouverts par la dernière neige. Il n'étoit pas possible qu'ils fussent sortis de dessous la terre, qui dans cette saison étoit gelée de plus de trois pieds, & absolument impénétrable à ces insectes. On trouva en 1750, beaucoup de vers semblables sur la neige qui couvroit un grand lac glacé, à quelque distance de Stockolm, ils n'étoient certainement pas sortis de la glace ; c'étoit donc le vent qui les avoit apportés, à la suite d'un ouragan qui avoit déraciné une grande quantité de sapins. Ces insectes qui étoient cachés dans la terre à la racine de ces arbres, se trouvant à découvert furent enlevés par le tourbillon, dispersés à une grande hauteur, & retombèrent avec la neige qui suivit de près (*a*).

Il arrive encore, sur-tout dans les Alpes, dont les sommets aigus sont couverts de neige, qu'il s'en détache des tas assez considérables, qui se grossissant à mesure qu'ils roulent du haut en bas, deviennent d'un volume énorme, capable de remplir les vallées, de couvrir des villages entiers, d'arrêter les rivières dans leurs cours, & d'oc-

____

(*a*) Voyez les mém. de l'acad. des sciences, an. 1750. hist. pag. 39.

casionner des innondations imprévues & très-nuisibles. On prétend que c'est la commotion que donnent à l'air les cris des voyageurs, la précipitation avec laquelle ils marchent, le bruit des fouets, qui font détacher la neige de ces sommets, & en accélèrent la chûte. Ce qui est vrai jusqu'à un certain point, parce que la véritable cause de la chûte de la neige de ces pentes escarpées, est l'impulsion de sa propre pesanteur, que les cris, le mouvement & le bruit quelconque agissant sur l'air, mettent en action. La neige après avoir séjourné sur la terre pendant quelque tems, après que la première couche qui couvroit le sol ou les corps dont il est chargé est fondue par la force des exhalaisons qui sortent de la terre, reste comme suspendue à quelque distance de sa surface : elle n'est plus soutenue que par l'extrémité des buissons, des herbes, du chaume, & quelques pointes de rochers. Ce que j'avance ici n'a rien

d'étonnant ; la moindre force suffit
pour soutenir les corps graves dès
qu'ils sont en repos & en équilibre ;
& il est prouvé par la facilité avec
laquelle les animaux les plus foibles
pénétrent sous la neige pour y trouver leur nourriture. Cette couche
de neige, ainsi suspendue sur des
pentes escarpées, peut être dérangée
de son point d'appui ; par la moindre commotion extraordinaire donnée à l'air, & couler de haut en
bas. Comme le mouvement des
corps graves redouble d'impétuosité
& de force à proportion qu'ils avan-
cent en descendant, il est naturel
qu'à mesure que le premier tas descend, il acquiert plus de force, &
que joint à de nouvelles masses de
neige qu'il entraîne dans sa chûte,
il devienne capable de déraciner
les arbres, d'écraser les maisons,
d'engloutir des villages entiers, &
de causer les plus grands ravages (*a*),

(*a*) Les habitans des Alpes donnent le

Nous avons vû quelque chose de plus singulier dans les montagnes

---

nom de lavanges à ces chûtes de montagnes de neige, du sommet des Alpes, au
fond des vallées ; ils sont obligés, sur-tout
lorsqu'ils voyagent à la fin de l'hiver, de
recourir à toutes sortes de moyens pour
s'en garantir. Lorsqu'ils marchent sur les
sentiers escarpés, au-dessus desquels des
tas énormes de neige sont suspendus, ils
remplissent de foin les sonnettes des bêtes
de somme, ils s'abstiennent de parler.
Lorsque les passages sont resserrés & dangereux, avant que de s'y engager ils tirent
un coup de pistolet, afin de déterminer la
chûte des neiges qui pourroient être prêtes
à se détacher. On raconte qu'il y a eu des
hommes ensévelis sous la neige, qui y sont
restés pendant trois jours entiers, & se sont
dégagés eux-mêmes de cette espèce de
tombeau, il faut supposer qu'ils étoient
sous quelque rocher, & qu'ils n'étoient
pas immédiatement couverts de neige. Le
plus rare exemple que l'on ait de ces heureuses délivrances, est celui de trois fem-
mes, dont la cabane fut couverte par une
lavange, près de Berghémoletto dans les
montagnes qui séparent du Piémond le
comté de Nice & le Dauphiné ; elles vécu-

de Bourgogne, au mois de janvier
1770, près du village de Trouhault,
dans le bailliage de Chatillon-sur-
Seine. A la suite de la première
fonte de neige, un arpent entier
de bois se détacha avec le sol où il
avoit cru, & coula de la pente d'un
côteau dans un pré qui étoit au-
dessous, sans que les arbres aient
été arrachés ou même dérangés de
leur position; au printems ils ont
poussé des feuilles & des fleurs en
même-tems que les autres arbres.
Depuis le commencement de l'hiver il y avoit eu des alternatives
presque continuelles de pluie, de
neige & de gelée peu forte: les
eaux qui avoient conservé leur fluidité à quelque distance de la surface de la terre, détachèrent insensiblement les arbres & la terre dont
leurs racines étoient enveloppées,

---

rent sous la neige du lait d'une chevre, &
furent délivrées après trente-sept jours.
*Hist. natur. des glacières de Suisse. in-4°.
Paris. 1770.*

du rocher qui les portoît; quand le point d'appui manqua par le bas, toute la masse entraînée par son propre poids glissa sans se diviser, & le rocher resta absolument nud. La même chose arriva près de Toplitz en Bohème; dans le même tems, une partie de la montagne du Ziegenberg s'écroula du côté de l'Elbe, les arbres & le sol dont elle étoit couverte furent portés à diverses distances, & la plupart restèrent sur pied avec apparence de donner du fruit dans la saison ordinaire. Dans ces deux circonstances on ne s'est apperçu d'aucun signe de tremblement de terre. Mais tous ces petits mouvemens ne sont qu'un léger échantillon de ce qui est arrivé en Asie, dans la chaîne des montagnes qui forment le Liban, le 22 février de la même année, aux environs d'un gros bourg appellé le Couvent de la Lune, habité par les principaux émirs des Druses; un quartier de montagne de demi-lieue de longueur & d'une largeur proportionnée,

proportionnée, s'est détaché avec un fracas horrible, & est tombé dans une vallée où coule le fleuve d'Amour. Elle a écrasé diverses habitations, & il y a eu plus de soixante-quatre personnes enterrées sous ses ruines. Cette nouvelle digue a arrêté pendant sept jours le cours du fleuve; & le huitième, les eaux étant parvenues au sommet de cette digue, ont repris leur cours, & ont formé un grand lac. (*Journal enciclop. juin* 1770. *tom.* 4. *pag.* 456.)

Voyez dans le cinquième tome, page 401. le discours sur la pluie.

§. IX.

Sur la grêle.

Lorsque le ciel est orageux, que les nuages dispersés dans l'air se réunissent de différens côtés, une épaisse obscurité se prépare & s'établit dans l'atmosphère, où elle diminue par degrés la lumière du jour : on la voit augmenter & s'étendre. C'est sous ce voile d'un sinistre augure, que l'on apperçoit souvent des vapeurs & des exhalaisons mal assemblées, qui semblent pendre à des hauteurs inégales des nuages noirs, sous lesquels elles se glissent. Les sels & le nitre y dominent, à en juger par leur teinte & par l'odeur âcre qu'elles répandent aux environs. L'air est imprégné d'une saveur nitreuse qui agit sensiblement sur l'odorat & sur la gorge. Une fraîcheur incommode, une humidité nuisible, l'emportent sur la température séche & chaude qui

dominoient auparavant. Une lumière indécise & pâle annonce le
météore désastreux qui doit tomber
dans peu. On entend un bruit sourd
dans la région des nuées, tandis
qu'au-dessous règne un calme effrayant qui redouble l'horreur générale répandue sur toute la face
de la nature. Enfin le choc mutuel
des vents irrités brise les nuées, un
déluge bruiant de grêle en sort,
dont la chûte semble accélérée par
les coups redoublés du tonnerre,
ou plutôt c'est la nuée elle-même
qui se rompt, & dont les parties
divisées viennent ravager les moif-
sons, briser les arbres, tuer les
animaux exposés à leurs coups, détruire toutes les richesses de la
terre ; répandre dans un moment
la désolation, le désordre, les
horreurs de la famine, & une suite
de maux plus effrayans encore pour
l'avenir que pour l'instant où ils se
développent.

De tous les phénomènes de la
nature, de tous les météores, c'est

le plus terrible & le plus défastreux!
la foudre elle-même, toute formi-
dable qu'elle paroiffe, caufe beaucoup moins de ravages. La fuite de
cette hiftoire nous conduit à expliquer la formation de la grêle & fes
différences, à parler des faifons où
elle eft plus fréquente. Nous n'au-
rons rien à dire de fes avantages;
fous quelque forme qu'elle fe préfente, jufqu'à préfent elle ne paroît
pas avoir caufé dans l'ordre phyfique aucune utilité reconnue; elle
eft plus funefte encore que la guerre
dans l'ordre moral. Nous ne tenterons même pas de conjecturer comment on pourroit prévenir fa chûte
& la détourner: fon exiftence & fes
effets dépendent d'un concours de
caufes abfolument libres: on peut
la deviner, la prévoir quelques
heures avant qu'elle ne tombe; mais
il paroît d'autant plus difficile de
fe fouftraire à fes coups, que d'ordinaire rien n'eft moins régulier
que le cours des nuées d'où elle
fort. On les voit changer de direc-

tion, se diviser, se réunir, se fixer quelquefois sur des contrées auxquelles elles semblent s'attacher, ou porter leurs ravages loin des lieux où elles se sont formées.

§. X.

Comment se forme la grêle.

Une nouvelle modification, un changement de forme, fait du météore le plus utile & le plus salutaire, un des plus funestes fléaux de la nature. La grêle est formée de la même matière que la pluie. C'est la même eau qui s'est condensée, crystallisée, soit par le froid qu'elle éprouve en passant dans la moyenne région de l'air, soit parce qu'y étant pénétrée des exhalaisons salines & nitreuses qui s'y trouvent rassemblées, elle est portée tout d'un coup au degré le plus solide de la congélation. Ainsi la grêle, comme la neige & la pluie, n'est que la matière d'une nuée mise en diſſolution ; l'eau de la pluie qui ſert à la former n'étant autre choſe que les différentes parties d'un nuage rapprochées & fondues.

Quelquefois la grêle eſt compoſée de la matière d'un nuage qui ne commence qu'à ſe fondre. On voit des grains de grêle, cryſtalliſés en partie, en partie d'une ſubſtance blanche, opaque & molle, tout-à-fait ſemblable à la neige : ou le noyau de cette concrétion eſt de neige, tandis que l'enveloppe dont il eſt couvert eſt d'une glace dure & tranſparente ; ſi on la briſe, on trouve le noyau ſemblable à de la neige comprimée.

« On trouve ſouvent (dit Muſ-
» ſenbroek ; §. 2394.) dans le
» centre de la grêle, une eſpèce de
» noyau opaque & blanc, qui eſt
» entouré d'une croûte plus tranſ-
» parente, il paroît que ce noyau
» s'eſt formé dans la partie ſupé-
» rieure de la région glaciale où il
» gèle fortement, & qu'en tombant
» enſuite avec une très-grande vî-

» tesse, il a rencontré dans sa chûte
» des gouttes d'eau qui se sont
» attachées à sa surface, & qui s'y
» sont glacées par le froid de l'air,
» ou par celui qu'elles ont éprouvé
» en se réunissant au noyau glacé.
» Mais comme l'intensité de la
» gelée diminue beaucoup vers la
» région inférieure de l'atmosphère,
» cette glace extérieure doit être
» plus molle & plus transparente,
» elle est de la nature de celle qui
» commence à se former sur l'eau
» des fossés. Il peut se faire aussi
» que cette croûte soit composée
» d'une glace qui ait commencé à
» se fondre, tandis que le noyau a
» conservé toute sa dureté » . . . . .
N'est-il pas plus vraisemblable qu'il
y a des nuées qui se croisant à différentes hauteurs, occasionnent les
orages les plus violens, ceux sur-
tout qui sont accompagnés de grêle.
Il peut arriver que les nuées les
plus hautes fournissent ces noyaux
ou grains blancs, qui venant à traverser une nuée plus basse & pure-

ment aqueufe, y portent une caufe de froid qui détermine l'eau à fe glacer fur le champ. Le 7 juillet 1769, il tomba à Paris & dans les environs, entre cinq & fix heures du foir, de la très-groffe grêle mêlée de pluie, dont le noyau étoit blanc & léger, avec le goût & l'odeur du nitre pur. La grêle devint enfuite plus groffe & de figure irrégulière, c'étoit de la glace très-dure fans noyau, quelques grains avoient plus de fix lignes de diametre.

La grêle eft donc tout-à-fait tranfparente quand elle a été formée d'une eau de pluie bien fondue. Elle l'eft moins & opaque, foit à fon centre, foit à fes extrémités, quand la matière du nuage dont elle s'eft détachée, n'étoit pas dans une entière diffolution; enfin elle eft blanche & réfléchit tous les rayons de la lumière, lorfqu'elle n'eft formée que d'une neige qui commençoit à fe fondre, mais que le froid de la moyenne région de l'air a condenfée dans les premiers moments de sa chûte. Cette dernière espèce de grêle est plus légère, moins grosse que les autres, & ses coups ne sont pas aussi dangereux : elle est différente du grésil dont nous parlerons plus bas.

Quelques observations que j'ai faites avec attention, sur un lieu élevé, en Bourgogne au quarante-septième degré trente minutes de latitude, m'ont mis à portée de former des conjectures assez vraisemblables sur la manière dont la grêle se forme. Le 22 février 1767, à deux heures quarante minutes après midi, le vent étant est-sud-est, & alors assez violent, le tonnerre s'annonça par un bruit sourd & traînant, accompagné d'éclairs d'un rouge obscur. Quelques minutes après le bruit devint plus distinct, les éclairs parurent plus vifs, d'un feu clair & blanc, que l'on observoit d'autant plus aisément, que le ciel étoit alors obscurci par des nuées épaisses, & le fond de toute la perspective horizontale couvert par d'autres nuages fort noirs. Avant la première éruption de la foudre, dont je parlerai dans le tome suivant de cette histoire, j'avois remarqué pendant assez long tems, des nuages blanchâtres rares & ténus, semblables à de grandes plumes, qui auroient glissé les unes sur les autres, & de longueur inégale : ils s'étendoient sous la nuée supérieure, & à la fin ils se réunirent & occupèrent un espace d'environ soixante degrés. Il me parut que leur matière n'étoit qu'une grande quantité d'exhalaisons salines & nitreuses, rassemblées par l'action du vent sous l'espèce de concavité que formoit la nuée d'en haut, & qui un quart d'heure après retombèrent sous la forme d'une grêle assez grosse, mollasse, & mêlée de pluie. Cette conjecture acquerra de la vraisemblance, si l'on se rappelle qu'il y avoit à peine douze jours que la terre étoit découverte, après avoir été long-tems chargée d'une couche

épaisse de neige ; que l'air avoit
passé d'un froid rigoureux à une
température très-douce , le vent
ayant été constamment au sud , &
la chaleur du soleil ayant été sensible quatre jours auparavant , sur-
tout le 17 & le 18 , ce qui avoit
donné lieu à une forte évaporation.
Mais le vent ayant tourné à l'est le
21 , fut suivi d'une pluie assez
abondante , qui rafraîchit l'atmosphère , & donna lieu à la formation subite de cette grêle dont je
viens de parler , & dont je vis la
matière se rassembler si peu de tems
avant qu'elle tombât.

Le 21 août 1768 , le vent ayant
été est-sud-est les deux jours précédens , le ciel serein & la chaleur
vive , sur-tout le 20 après midi ,
& le 21 toute la matinée , pendant
laquelle le vent étant haut , l'air
parut dégagé de toute vapeur : le
vent s'étant calmé un peu avant
midi , l'air devint d'une chaleur
étouffante , jusqu'à trois heures
qu'il commença à s'obscurcir. On

G vj

voyoit alors s'élever des bois, des prairies & des terres humides, une quantité de vapeurs & d'exhalaisons qui se rassemblèrent dans l'atmosphère au-dessus même des lieux d'où elles sortoient, & qui une heure après produisirent une grêle abondante, dont les premiers grains assez gros tombèrent sans pluie, dans les mêmes endroits où l'évaporation s'étoit faite. Le vent qui tourna à l'ouest dispersa ces nuages, & porta la grêle plus loin : mais dans le tems de l'évaporation, particuliérement à deux heures après midi, l'air étoit imprégné d'une odeur de soufre & de nitre très-vive. Ces observations faites en différentes saisons, à-peu-près dans le même endroit, semblent indiquer que de tous les météores aqueux, la grêle est celui qui se forme le plus promptement, & dont on ressent plutôt les effets. On voit encore que la matière de la grêle est la même que celle de la glace ordinaire, que ce que l'on appelle grains de grêle, sont des glaçons d'une figure qui approche le plus souvent de la sphérique, formés par des gouttes de pluie qui s'étant gelées dans l'air tombent sur la terre avec toute leur dureté, ou sont ramollis par la douceur de la température qui règne dans la bande inférieure de l'atmosphère.

§. XI.

Variétés dans les formes, la grosseur & le poids de la grêle.

On remarque dans les grains de grêle une assez grande variété pour la grosseur, la figure, la couleur ou la transparence. En général la grosseur de la grêle répond à celle des gouttes de pluie dont elle est formée : ainsi les mêmes variétés que l'on observe dans les gouttes de pluie, quant à la grosseur, se feront remarquer dans les grains de grêle. Nous avons vu plus haut (*discours* 9. §. 3.) qu'ordinaire-

ment les gouttes de pluie dans le
premier moment de la formation,
font affez petites , mais qu'elles
groffiffent à mefure qu'elles s'éloignent du lieu de leur origine;
C'eft pour cela que la grêle qui
tombe fur le haut des montagnes
eft moins groffe & y caufe moins
de ravages que celle qui tombe dans
les vallées.

La grêle ne devroit donc jamais
être plus groffe que les gouttes de
pluie qui ont rarement plus de
trois lignes de diamètre ; ce n'eft
que dans certaines pluies extraordinaires & fort rares que l'on a vu
tomber des gouttes dont le diamètre
étoit de près d'un pouce : on voit
par-là jufqu'où peut aller la groffeur des grains de grêle , lorfqu'elle
n'excède point celle des gouttes de
pluie, qui eft le cas le plus fréquent.
Mais fi l'on fait réflexion qu'un
grain de grêle déja formé par un
degré de froid confidérable, gèle
toutes les particules d'eau auxquelles il s'unit dans fa chûte; on con-

cevra aisément comment il peut devenir le noyau d'une ou de plusieurs couches de glace qui augmenteront considérablement son volume & son poids. Pour s'en persuader il suffit de considérer un grain de la plus grosse grêle, on verra qu'il n'est jamais d'une densité uniforme, de sa surface à son centre.

C'est ainsi qu'il se forme quelquefois des morceaux de grêle d'une grosseur prodigieuse. On en a vu d'aussi gros que des œufs de poule & d'oie, d'autres qui pesoient une demie livre, trois quarts, une livre : dans le même orage, les grains de grêle ne sont pas tous d'une grosseur semblable. L'histoire de l'académie des sciences parle d'une grêle qui ravagea le Perche en 1703, dont les moindres grains étoient comme des noix, les moyens comme des œufs de poule, & les autres étoient comme le poing & pesoient cinq quarterons.

Le 11 juillet 1753, il s'éleva à Toul, sur les trois heures après midi, un orage accompagné de quelques coups de tonnerre qui sembloient être éloignés : immédiatement après parut une nuée longue & fort noire venant du midi au nord, qui s'allongea sur la ville, & de laquelle tomba une grêle monstrueuse par sa grosseur. Un des grains qui avoit déja perdu de sa masse, fut trouvé de vingt-quatre lignes de longueur sur quatorze d'épaisseur & dix-huit de largeur: celui-ci étoit une espèce de parallélipipède. Un autre mesuré à l'instant de sa chûte avoit près de trois pouces en tout sens. On en pesa un autre fort gros qui se trouva de six onces. Ces grêlons énormes étoient des polyèdres irréguliers, armés d'espèces de nervures formées par l'assemblage d'autres grêlons plus petits, qui s'y étoient collés. L'intérieur du gros grêlon étoit blanchâtre, & cependant aussi dur que la glace ordinaire. Ces gros grains étoient en petite quantité, & la nuée passa assez vîte, ce qui rendit le dommage beaucoup moindre qu'il n'auroit été sans ces deux circonstances. Il y eut cependant plusieurs personnes & beaucoup d'animaux domestiques tués ou blessés, pour n'avoir pu se mettre assez promptement à l'abri. La nuée avoit à peine une demie lieue de largeur, & la grêle qui en sortoit fut bientôt mêlée de pluie, & n'eut plus que la grosseur ordinaire. Ces grêlons fondus, & l'eau qu'ils donnèrent étant évaporée, il n'en resta sur une pinte qu'environ deux grains & demi d'une terre insipide qui fermentoit avec les acides, comme une terre absorbante (a).

Le 12 septembre 1768, après plusieurs jours d'orages & de pluies continuelles, il tomba aux environs de Saint-Gilles, dans le bas

____

(a) Mém. de l'acad. des sciences. an. 1753. Hist. pag. 74.

Poitou, à trois heures du matin, une quantité prodigieuse de grêle, dont les grains, semblables à des morceaux de glace quarrés, étoient pour la plupart de deux pouces de longueur & d'un pouce d'épaisseur. Le même jour à quatre heures trois quarts du matin, un orage des plus violens, précédé d'éclairs continuels & d'un bruit affreux, accompagné d'un sifflement qui jetta l'épouvante & la consternation dans toute la ville de Laval, dans le Maine, fut suivi immédiatement d'une pluie de grêle, ou pour mieux dire de glaçons de différentes formes, pesant chacun depuis une demie livre jusqu'à deux; toutes les fenêtres exposées à l'ouest, d'où venoit cet orage, ainsi que la plupart des couvertures des maisons furent brisées. Cet orage, qui ne dura que six minutes, & qui fut suivi d'un déluge d'eau, causa le plus grand ravage dans les campagnes.

Ces deux orages remarquables arrivés dans la même nuit, à une diſtance aſſez conſidérable pour que l'on ne puiſſe pas ſuppoſer qu'ils ſortoient de la même nuée, prouvent qu'il exiſte certaines diſpoſitions dans l'air qui favoriſent la formation de la grêle, déterminent ſa chûte & la groſſeur des grêlons ; c'eſt ordinairement à la ſuite des grandes pluies, lorſque l'évaporation eſt abondante, & que l'atmoſphère eſt rafraîchie par une trop grande humidité. Nous l'avons éprouvé en Bourgogne pendant tout l'été de 1768, où la grêle a été ſi fréquente, que preſque aucun canton n'en a été exempt, à compter depuis le commencement de juin juſqu'à la fin de ſeptembre. Il y a même des régions où il ne grêle jamais que pendant la ſaiſon humide, ainſi qu'on l'a obſervé au Cap de Bonne Eſpérance & dans tout le pays d'alentour. M. l'abbé de la Caille y vit grêler le 11 & le 12 octobre 1751 & 1752, ce fut une rareté pour ce pays, & cette grêle n'étoit pas groſſe ; quand il **y** en tombe elle cause peu de dégats, parce que les productions de la terre ne sont pas avancées.

Il ne faut pas cependant se persuader qu'il en soit de la grêle comme de la pluie, & qu'elle soit plus ou moins grosse relativement à la hauteur des nuées d'où elle sort ; lorsqu'elle tombe en quartiers plutôt qu'en grains, qu'elle est si pesante, si épaisse, d'une figure si irrégulière, que chaque grain semble être un fragment, un morceau brisé d'un nuage glacé dans toute son étendue, que la violence des vents opposés entr'eux, l'action de la chaleur, & son propre poids séparent en différentes parties, qui n'ont aucune forme déterminée, & sont d'un poids considérable ; comment imaginer que dans la chûte précipitée d'une substance déja si lourde par elle-même, & qui doit être accélérée en raison de sa pesanteur, plusieurs grains puissent s'unir ensemble de manière à ne former qu'un seul & même solide ? On ne

peut expliquer ce phénomène qu'en
ſuppoſant que les grêlons commen-
çant à ſe fondre par leurs extrémités, ſe joignent enſemble dans une
région peu élevée de l'atmoſphère,
où le froid devient plus conſidérable; ſur-tout lorſque l'on y trouve
des corps étrangers, tels que de la
paille, des poils, des fourmis, des
mouches, des araignées, des grai-
nes de plantes, & autres corps légers de cette eſpèce, qui ont été
enlevés par les vents de tourbillon
qui précédent les orages, & qui
n'ont pû être portés à une très-
grande hauteur dans l'atmoſphère.
Ce mélange indique certainement
que la grêle s'eſt alors formée dans
la région inférieure de l'air, dans
une température très-froide, occaſionnée par l'abondance des exhalaiſons ſalines & nitreuſes, qui
tout de ſuite ont porté l'eau de la
pluie, ſouillée de toutes ces matières au point de la congélation la
plus forte. L'odeur & le froid qui
ſe répandent dans les pays ravagés

par la grêle, dont on s'apperçoit
même quelquefois avant qu'elle ne
tombe, indiquent la préfence de
ces fels, que les vents contraires
fixent en un endroit déterminé de
l'air fous des nuées qui les arrêtent
& les repouffent, & où ils produifent de la glace que différentes circonftances rendent plus ou moins
groffe.

Ces phénomènes défaftreux,
avoient donné lieu aux anciens philofophes d'imaginer que les nuées
entières étoient de groffes maffes
de glace qui fe brifant en fragmens
de diverfes grandeurs, tomboient
enfuite en fe preffant les uns contre
les autres. Souvent, dit Lucrèce (a),

(a) Sæpe geli multus fragor, atque ruinâ
    Grandinis, in magnis dat fonitum nubibus
    alte;
    Ventus enim cum confercit, franguntur la
    arctum
    Concreti montes nimborum & grandine mifti.

      Lucret. de rerum natura. lib. VI. carm. 155.

la glace en se brisant, & la grêle
par sa chûte, font retentir au loin
les nuages qui, condensés par
le souffle des vents, & entassés
comme des montagnes se brisent
à la fin, & tombent sur la terre
mêlés avec la grêle qui s'y précipite.

Mais c'étoit une erreur que les
ravages de la grêle avoient fait
naître. A quelque hauteur que l'on
ait observé les nuages, on les a toujours vus composés de substances
molles & souples, cédant au gré
des vents, tantôt plus humides,
tantôt moins, mais toujours per-
méables, quoiqu'à différens degrés
de condensation. On ne peut pas
même concevoir comment un nuage
converti en glace dans toute son
étendue, & qui formeroit alors
une masse très-pesante, pourroit
rester suspendu & se mouvoir dans
quelque région de l'atmosphère.
Ce qui avoit encore donné lieu à
cette idée, c'est qu'on entend quelquefois avant que la grêle soit tom-

bée, un bruit, un craquement que l'on croyoit occafionné par le nuage qui fe brifoit en morceaux : mais il eft plus vraifemblable que bruit fi effrayant par les ravages qu'il annonce, n'eft produit que par la rencontre des grains de grêle les uns contre les autres : en fe heurtant, ils rendent un fon qui fe répand dans l'atmofphère & fe porte jufqu'à la terre, dont les différens échos le redoublent & le prolongent. Les vents oppofés qui règnent d'ordinaire dans le moment de ces orages, foutiennent plus longtems les grains de grêle en l'air, les approchent en divers fens, les réuniffent, & en forment des maffes fi nuifibles aux corps qu'elles frappent en tombant.

Dans tous les tems, dans toutes les régions, on a vu en Europe, ce météore terrible caufer des ravages dont la mémoire s'eft confervée. Dechales rapporte qu'il tomba à Rome, en 1640, une grêle dont les grains étoient de la groffeur des

œufs

œufs de poule. Wallace, dans sa
description des isles Orcades, dit
qu'au mois de juin 1680, il tomba pendant un tems d'orage, &
lorsque le tonnerre grondoit fortement, des morceaux de glace de
l'épaisseur d'un pied. On observa à
Northampton en 1693, des lames
de glace épaisses d'un pouce & longues de deux, & des grains sphériques d'un pouce de diamètre, sur
lesquels on remarquoit cinq rayons
saillans qui formoient une étoile.
En 1738, il tomba auprès de Northausen en Thuringe, & dans vingt-quatre bourgs circonvoisins, des
grains de grêle aussi gros que des
œufs d'oye. En 1740, on en vit en
France qui avoient deux pouces de
longueur & un demi pouce d'épaisseur. Le 2 juillet 1769, on essuya
à Sézanne en Brie, un orage formé
de quantité de petits nuages, entre lesquels on distinguoit des intervalles assez considérables. Les
coups de tonnerre n'étoient pas
éclatans, mais les éclairs qui se

croisoient de toutes parts étoient
si vifs, que l'atmosphère paroissoit
enflammée d'un pole à l'autre. L'état
du ciel fut ainsi depuis sept heures
& demie du soir jusqu'à neuf heures, qu'il tomba une grêle terrible
pendant sept à huit minutes, dont
les grains étoient de la grosseur des
noix, & quelques-uns même plus
gros ; les seigles & les fromens furent hachés, & les vignes déraci-
nées en partie. Le même jour à huit
heures du soir environ, il avoit
grêlé très-fort à Chaillot & à Passy;
les vitres de toutes les maisons tour-
nées au nord-ouest furent brisées,
& il étoit aisé de s'appercevoir que
les grains de grêle avoient été très-
gros, mais comme ils étoient peu
épais & mêlés de pluie, ils cau-
sèrent peu de dommage aux fruits
de la terre. Ces premiers nuages,
en avançant dans la plaine, se joi-
gnirent à d'autres ; les grains de
grêle chassés par un vent impétueux
s'accumulèrent en l'air, & formèrent des grêlons assez forts, pour

bleſſer des hommes & des animaux
expoſés à leurs coups, & briſer des
corps aſſez ſolides. C'eſt ainſi que
ſe forment toutes les groſſes grêles :
quant à ces grêlons prodigieux que
l'on dit peſer pluſieurs livres, &
être d'une groſſeur énorme, ils ſont
très-rares, & il eſt à croire qu'on
ne les voit qu'à la ſurface de la
terre, où ils s'attachent à d'autres
grêlons, avec leſquels ils ne forment plus qu'un corps ; l'air inférieur pouvant être refroidi tout
d'un coup, & pour quelques momens au point de la congélation.
On n'a pas vu les grêlons tomber,
il auroit été imprudent & inutile
de s'expoſer à leur chûte, pour faire
des obſervations ; mais on les a remarqué ſur la terre après l'orage
ceſſé, & on s'eſt perſuadé qu'ils
étoient tombés tels qu'on les trouvoit ; ce qui n'eſt pas vraiſembla-
ble.

Ordinairement les grains de grêle
ſont ronds ; cette forme eſt une ſuite
de celle qu'affectent naturellement

H ij

les gouttes de pluie, comme toutes
les autres gouttes d'eau ; tant par la
force de l'impulſion générale qui
rapproche toutes les parties dont
elles ſont compoſées, que parce
que les particules d'une matière
homogène une fois rapprochées les
unes des autres reſtent unies, à
moins qu'une cauſe plus puiſſante
que celle qui les a jointes ne vienne de nouveau les ſéparer. Mais
comme très-ſouvent la figure des
grains de grêle eſt irrégulière,
qu'elle eſt ovale ou anguleuſe,
quelquefois cubique ou parallélipipède, il s'enſuit que divers ac-
cidents peuvent empêcher qu'ils ne
conſervent la figure ſphérique. Le
vent en eſt un des principaux : la
manière dont il agit ſur la nuée,
lorſqu'elle eſt en diſſolution, ou
lorſque ſes parties ſéparées les unes
des autres commencent à tomber,
peut déterminer quelques-unes des
molécules aqueuſes dont eſt compoſée la goutte de pluie, à s'éloigner du centre commun, & à pren-

dre une figure irrégulière : ou comme la congélation ne se fait pas dans toutes les gouttes en même-tems, une goutte déja congelée en rencontrant une autre qui ne commence qu'à acquérir quelque solidité, la froisse & la fait changer de forme. Ainsi les unes sont applaties, les autres concaves ou anguleuses dans certaines portions de leur surface : en achevant de se glacer, elles conservent ces mêmes figures, & de-là vient qu'il est si rare de voir des grains de grêle parfaitement sphériques, sur-tout si leur chûte est accompagnée d'un vent impétueux. Les grêles extraordinaires formées par la réunion de différentes couches de glace irrégulièrement posées, sont coniques, piramidales, quelquefois hémisphériques, souvent fort anguleuses : on remarquera que dans chaque orage les grains de grêle ont entr'eux une figure assez semblable, & qu'ils ne diffèrent que par leur grosseur.

Souvent encore le poids même

de la grêle la fait changer de figure, en tombant fur la terre, où elle ne tarde pas à fe fondre; foit parce que l'air y eft plus tempéré que dans la région de l'atmofphère où elle s'eft formée, foit parce que la compreffion qu'elle éprouve met fes parties intégrantes dans un mouvement qui les détermine à fe rétablir dans leur premier état de liquidité. Cependant lorfqu'il tombe une grande quantité de grêle, & que les grains en font très-gros, elle ne fe fond que lentement. Muffenbroek (§. 2400) nous affure qu'il en tomba dans la ville de Delft, à la fin du mois de juillet, dans une telle abondance qu'elle y fubfifta pendant huit jours : ce long féjour fur la terre ne la rend que plus nuifible aux végétaux qu'elle décompofe en les pénétrant de fucs deftructeurs, qui bientôt les font périr.

La grêle tombe plus fouvent avec de la pluie que féche, ou fi elle commence à tomber feule, bientôt on la voit mêlée avec de la pluie;

ce que l'on doit attribuer à l'action des particules salines & nitreuses qui, rassemblées par les vents sous la surface inférieure de la nuée, sont d'abord assez épaisses pour congeler toutes les gouttes qui s'en détachent; à mesure qu'elles tombent, la quantité des sels & des nitres diminue : il se forme des intervalles par où les gouttes passent telles qu'elles sortent de la nuée, tandis que d'autres sont glacées : ou celles dont la congélation n'est pas encore achevée, arrivant dans l'air plus chaud de la région inférieure, se fondent, & les autres qui sont plus solides conservent toute leur dureté. A la fin la matière nitreuse étant entiérement épuisée, si la nuée est encore épaisse, & qu'elle continue à se dissoudre, la pluie suit ordinairement la grêle, dans les endroits au-dessus desquels la nuée arrêtée par quelque cause que ce soit, se divise & se fond sans changer de place.

H iv

§. XII.

Dispositions de l'air lorsqu'il grêle. Pays exposés à la grêle. Grêles périodiques. Gresil.

Dans l'état ordinaire des choses, un nuage ne pouvant être dissous que par la chaleur, la grêle ne doit tomber que dans les saisons, où elle est assez forte pour agir puissamment sur le nuage, ou au moins par une température accidentelle qui ait le même effet. Ainsi quoiqu'il tombe indifféremment de la grêle dans toutes les saisons de l'année, le jour comme la nuit, cependant elle est plus fréquente à la fin du printems, pendant l'été & au commencement de l'automne que pendant l'hiver ou dans les saisons qui en approchent, & jamais elle n'est plus commune que dans les températures humides, comme nous l'avons observé.

La grêle, quoique très froide

d'elle-même, paroît une suite de
la chaleur qui l'a précédée : les exhalaisons qui contribuent à la former, ne s'élèvent dans l'air qu'a-
près qu'une longue évaporation a
épuisé toutes les particules aqueuses
dispersées dans le sein de la terre
& à sa surface. Il semble qu'alors
les esprits salins & nitreux aient
plus de liberté, pour se détacher
des substances étrangères avec lesquelles ils étoient mêlés : ils sont
exaltés par la force de la chaleur &
se répandent dans l'air par bandes
inégales, où le vent les accumule
ensuite contre quelque point déterminé, sous des nuages qui les
emportent dans leur direction. On
en peut juger par l'état de l'air qui
précède ou accompagne la chûte
de la grêle, d'ordinaire le ciel est
sombre & couvert, le tems orageux;
si la grêle est grosse, l'orage qui la
donne est excité par un vent impétueux, & qui continue de souffler
avec violence pendant qu'elle tombe. Ce mouvement est produit par

H v

les modifications oppofées de l'air qui fe combattent entr'elles , par l'oppofition du froid & du chaud, des efprits fulphureux répandus dans l'atmofphère avec les efprits falins & nitreux, les uns effentiellement chauds, les autres froids.

Ces ouragans terribles prefque continuels dans les mers voifines des deux poles, font occafionnés, comme nous l'avons dit ailleurs, par le combat du chaud & du froid: c'eft la même caufe qui produit les orages qui nous donnent de la grêle. La nature dans nos climats tempérés nous retrace, dans un efpace borné, le fpectacle effrayant de ces mouvemens prodigieux , qui agitent une fi grande étendue de l'atmofphère dans les mers connues au-delà de la terre de Feu , & dans les parages voifins du Groenland & de la Nouvelle Zemble , dans prefque toutes les faifons de l'année.

Dans ces circonftances nous éprouvons que le vent n'a aucune direc-

tion bien déterminée, il souffle indifféremment de tous les points
de l'horifon : fi c'eft le vent du
midi qui chaffe à notre zénith la
nuée d'où la grêle doit fortir, elle
ne tombe que lorfqu'un vent oppofé du nord commence à fe faire
fentir : les efprits nitreux & falins
arrêtent alors le cours des vapeurs
qu'ils condenfent : l'air devient plus
pefant, & ne pouvant pas prendre
fon cours, fur l'efpace où les principes de condenfation dominent,
il s'écoule fur l'efpace plus libre que
le vent du midi avoit raréfié par fa
chaleur, & c'eft alors que la grêle
ne trouvant plus de réfiftance dans
l'air inférieur tombe entraînée par
fon propre poids. Dans ce conflit de
vents, pendant lequel la grêle fe
forme, on entend d'ordinaire dans
l'air un bruit toujours effrayant,
parce qu'il annonce le défaftre qui
va le fuivre; & ce bruit eft occafionné autant par le mouvement
indécis de l'air, dont les différentes colonnes fe heurtent les unes

H vj

contre les autres, que par le choc des matières condensées qui frappent ou qui roulent les unes sur les autres, jusqu'à ce qu'elles aient vaincu la résistance qu'elles trouvent dans la violence des vents, & qu'elles puissent tomber en liberté.

Les orages de grêle sont presque toujours précédés par des instans d'une chaleur étouffante : cette chaleur est concentrée dans la région la plus basse de l'atmosphère : les esprits sulphureux y sont rassemblés, ils ne peuvent pas s'élever plus haut, ils sont repoussés par une bande épaisse d'esprits salins & nitreux, qui glacent toutes les vapeurs exposées à leur action. Mais cette disposition de l'air change bientôt ; un froid, souvent assez vif, succède à cette chaleur. Au moment que la grêle est prête à tomber, les émanations de ce météore nuisible, semblent déja se répandre en tous sens, & bientôt leurs effets augmentent, lorsque la surface de la terre en est couverte.

Il arrive encore qu'avant que la grêle tombe, & dans le moment de ſa chûte, on entend des bruits redoublés de tonnerre; de fréquens éclairs, font paroître le ciel tout en feu : la fermentation eſt violente dans la région ſupérieure de l'atmoſphère & la chaleur y eſt encore plus vive que dans la région inférieure. Ce ſont ces diſpoſitions contraires de part & d'autre, qui accélèrent la formation de la grêle, & qui, des vapeurs & des exhalaiſons raſſemblées dans la moyenne région, compoſent tout d'un coup ces croûtes épaiſſes de glace, que le choc des vents & des nuages briſe avant que la chaleur ne les ait meurtries, & produiſent ces grêlons énormes qui cauſent tant de ravages, juſqu'à ce que l'une des deux températures ne l'emporte ſur l'autre, qu'un vent ſec & froid ne chaſſe au loin les nuées & ne rende à l'air ſa ſérénité, ou qu'une chaleur continuée ne les diſſolve en pluie, dont la durée eſt relative à la quantité de la matière qui la fournit.

On conçoit encore pourquoi les effets de la grêle paroissent produits par une cause si inégale & si bifarre : elle tombe par bandes de différentes largeurs, elle faute d'un lieu à un autre laissant entre des campagnes ravagées, de très-grands espaces qu'elle a semblé respecter : c'est que les esprits nitreux suivent les inégalités des nuages sous lesquels ils font rassemblés ; deslors les vents auxquels ces nuages font obstacle ne les peuvent pas disperser également, & il s'en rassemble beaucoup plus dans un endroit que dans un autre.

Quoique la grêle soit plus fréquente à la fin du printems, en été & au commencement de l'automne qu'en toute autre saison, cependant il peut arriver dans notre zone tempérée, qu'une disposition accidentelle de l'air devienne propre à contribuer à la formation de la grêle pendant l'hiver. On ne doit

pas même la regarder comme un
phénomène extraordinaire à cette
saison ; on en a vu tomber dans la
Bourgogne septentrionale dès les
mois de janvier & de février ; souvent il grêle à Rome & à Naples
dans ce même-tems : la grêle qui
tomba à Montpellier le 30 janvier
1741 , vers les neuf heures du soir,
s'amassa en moins d'une demie
heure , sur les toits & dans les rues ,
à la hauteur de plusieurs pouces ;
celle qui étoit sur les toits fut plus
de vingt-quatre heures à se fondre.
On ne se souvenoit pas d'en avoir
jamais tant vu dans aucune saison
de l'année. Pendant qu'elle tomboit, le tonnerre grondoit sans in-
terruption comme dans les plus
grands orages de l'été : sans doute
que la disposition de l'air étoit
alors la même , dans la région de
l'atmosphère , où ces météores différens se formoient.

La matière qui entre dans la
composition de la grêle , peut se
rassembler par-tout , ainsi on en

voit tomber indifféremment dans tous les climats. Sous la zone torride d'un tropique à l'autre, il ne grêle que dans la saison pluvieuse, & rarement elle y cause des ravages sensibles. Comme la chaleur y est très-vive, quoique l'action immédiate du soleil soit interceptée par des nuages épais, les esprits propres à congeler les vapeurs n'ont pas autant de force que dans des climats plus tempérés; la grêle y est moins dure, elle se fond en tombant, & presque toujours elle est mêlée d'une quantité de pluie qui fait obstacle à ses effets nuisibles.

On en voit tomber sur la mer, à toutes les latitudes & à la plus grande distance des continens : les courans d'esprits salins & nitreux, y sont portés de même par les vents contre les nuages sous lesquels ils s'arrêtent & glacent les vapeurs qui s'y sont accumulées : les vents ont alors la même inconstance que sur la terre, & ils produisent des tornados ou grains fort incommodes aux navigateurs.

On a observé que la grêle pro-
duisoit un effet singulier sur la mer
d'Allemagne, où quelquefois elle
tombe en assez grande quantité. A
la suite des orages qui l'ont produite, la mer paroît dans un mouvement d'effervescence si violent,
que la plupart des pêcheurs n'osent
pas s'éloigner du rivage tant qu'elle
est dans cet état : cet effet vient-il
du vent du nord qui a poussé cette
grêle devant lui, & qui souffle dans
une direction opposée au rivage?
ou dépend-t-il de la grêle qui excite une espèce de fermentation
dans les eaux avec lesquelles elle
se mêle en fondant? Mussenbroek
(§. 2399) demande encore si ce
bouillonnement ne seroit pas occasionné par la forte électricité qui
entoure cette grêle, & qu'elle emporte avec elle dans la mer? Nous
reviendrons dans la suite sur cette
question; mais nous pouvons dire
d'avance qu'il nous paroît plus vraisemblable que le vent, tel qu'on le
suppose, en faisant refouler les

eaux contre le rivage, de même que les matières nitreuses, salines & sulphureuses, que la grêle en tombant entraîne & précipite dans les eaux de la mer, y peuvent exciter ce mouvement d'effervescence si marqué.

Les observations les plus constantes nous apprennent que tous les pays ne sont pas également exposés à la grêle : les nuées d'où elle sort se forment & s'arrêtent par préférence sur certaines contrées, sur lesquelles elles se rabattent en quittant les hautes montagnes où elles s'étoient rassemblées ; ainsi toute la plaine de Lombardie, les campagnes ouvertes de la Suisse, celles qui s'étendent au pied des montagnes d'Auvergne, sont plus sujettes à la grêle qu'aucune autre : il est très-rare de traverser ces pays différens, pendant l'été, sans y appercevoir dans quelques cantons les tristes vestiges des ravages de la grêle, sur-tout dans ceux qui sont exposés au nord, entre deux chaînes

de montagnes, & lorsque le vent
du nord souffle au-dessus de ces
régions. Cette observation a été
faite il y a long-tems, Pline regardoit ce vent comme la cause de la
grêle (*a*). Une tradition très-an-
cienne nous apprend que la grêle a
toujours été un des fléaux qui ont
le plus désolé l'Allemagne. Les
peuples de Westphalie, de Saxe &
de Baviere, avoient des cérémonies
particulières pour engager le dieu
Thor (*b*) à détourner la grêle & les

(*a*) *Grandines Septentrio importat & Cau-
rus.* (Histor. nat. l. 2. cap. 47.)

  (*b*) Le culte de *Thor* a passé plus au nord;
les Lapons le révèrent encore sous le nom
de *Theordom* ou *Thierme*; ces peuples lui
attribuent une autorité souveraine sur les
démons mal-faisans qui habitent les montagnes, les lacs ou l'air, ils le représentent comme une divinité terrible qu'ils font
toujours occupés à appaiser. Les Danois
l'appellèrent *Thorn* ou *Tonnant*; les anciens
Normands l'adorèrent sous le nom de
Thur ou *Thour :* delà les noms de *Tourville, Tournay, Tournebe,* &c. selon ces

orages. Cette superstition est éteinte, mais la grêle continue d'y être redoutable ; & de nos jours, nous avons vu une académie proposer à tous les sçavans de l'Europe pour objets de leurs recherches, les moyens de prévenir la chûte de la grêle, ou au moins d'en empêcher les ravages.

Dans les régions même où la grêle est si fréquente, elle ne tombe que rarement dans les vallons qui ont les montagnes à l'orient, & sont ouverts au midi, ainsi que l'a observé Scheuchzer, par rapport aux vallées de Schwits, de Glaris, de Wallis, de Wesen & de Glasteren en Suisse ; ce qui doit plutôt être attribué à la direction des

---

vers d'un ancien poëte, Maître Vacce ou Gace, chanoine de Bayeux. . . . . .

Le pere Turluphus fut Tors,
Dont en ce pays plusieurs villes
Si ont pris les noms de Tourville. . . . .

vents, & à leur peu d'effet fur ces vallées qui en font à couvert, qu'à la quantité de rayons qu'elles réfléchiffent & qui feroient fondre la grêle lorfqu'elle tombe.

Mais rarement ces nuées dangereufes parviennent jufqu'au fommet des montagnes élevées, qui les arrêtent dans leurs courfes & les rejettent fur les vallons voifins : alors on croit que les vents qui deviennent plus violens & plus froids, ne font qu'une fuite de la réflexion qui fe fait contre les montagnes, mais ils font bien plutôt produits par la modification nouvelle que donne à l'air la partie inférieure de la nuée où fe forme la grêle.

Cependant on voit la grêle tomber quelquefois fur les plus hautes montagnes, tandis que les terres baffes qui les bordent en font exemptes. Quelquefois les orages fe forment au-deffus de la plaine du Mont-Cénis, y jettent de la grêle fort groffe, & s'épuifent fans aller plus loin. Dans ce cas les nuages

s'affemblent autour de quelques-
uns de ces pics toujours couverts de
neige & de glace, qui s'élèvent au-
deffus des hauteurs qui la bordent
au midi.

Ce n'eft point le froid qui règne
conftamment à une certaine hauteur
de l'atmofphère, comme quelques
auteurs le prétendent, qui occafionne ces phénomènes : il eft bien
plus naturel d'attribuer leur formation à l'efprit de nitre répandu dans
l'air par bandes inégales, relatives
à l'élévation des nuages, puifque
l'on voit les vapeurs fe convertir en
grêle au-deffus des vallons, à une
hauteur moindre que celle des
montagnes qui les dominent; pendant qu'on jouit à leur fommet
d'une douce température, d'un ciel
pur & ferein, & d'un air fort calme. J'ai vu la grêle tomber fur le
Véfuve entre fa pointe & les cô-
teaux qui font au pied, par un
vent affez impétueux, tandis que
la fumée s'élevoit droite de la bouche du volcan fans éprouver aucune

agitation de l'air inférieur qui étoit en mouvement.

Ce n'est donc pas une vérité physique que la grêle se forme dans la plus haute région de l'atmosphère, ni dans un pays plutôt que dans un autre : sa chûte répond à la position des lieux, relative aux endroits où elle se forme, & à la nature des exhalaisons. Les montagnes toujours couvertes de neige, fournissent plus d'esprits nitreux que les autres contrées : il en peut sortir du sein de la terre : les végétaux en peuvent produire par leur évaporation, & occasionner des grêles locales, sur-tout quand la disposition générale de l'air y contribue, lorsque les étés sont humides, que le ciel est constamment nébuleux, que les vents sont incertains. Mais dans les saisons bien reglées, les grêles sont moins fréquentes ; dans les étés secs & chauds les vapeurs plus raréfiées ne s'accumulent pas si aisément, elles se dissipent dans l'air dont elles suivent le mouvement réglé.

On a encore remarqué que le retour des grêles étoit périodique. Des obfervations que l'on donne pour exactes, annoncent que quelques contrées font expofées à la grêle à la fuite d'un certain nombre d'années & toujours à la même date. Si ces faits font aufli vrais qu'on l'affure, on peut fuppofer que dans l'état ordinaire des chofes, les efprits nitreux dont la matière s'eft accumulée dans les terres pendant cette fuite d'années, s'en évaporent alors, & fe répandent dans les airs, où ils contribuent à la formation de la grêle : quoiqu'ils puiffent être apportés de fort loin, par toutes fortes de vents, au moins relativement à nos provinces, entourées de toutes parts de chaînes de montagnes, ou de régions prefque toujours couvertes de neiges. On retrouve par-tout ces obfervations au fujet des orages habituels, qui font plus violents après un certain nombre d'années : le Japonois, fuperftitieux

perftitieux & ignorant, croit qu'à
chaque feptième année, il doit re-
douter la violence extraordinaire
de ces ouragans qui fe font fentir fi
communément dans fes mers.

On peut juger de la hauteur à laquelle fe forme la grêle, par le
bruit du tonnerre qui l'accompagne
ordinairement, quand la nuée qui
renferme le tonnerre eft perpendiculaire, & qu'il éclatte avec force :
l'intervalle d'une ou de deux fe-
condes qu'on obferve entre l'éclair
& le bruit, fait juger que la matière
de la foudre n'eft qu'entre cent quatre-vingt ou trois cent foixante toifes au plus de diftance, puifqu'entre
l'éclair & le bruit l'intervalle n'eft
pas plus grand. Comment croire
qu'à cet éloignement de la terre,
il règne naturellement pendant
l'été un froid affez actif pour y
glacer les vapeurs aqueufes ? n'eft-il
pas plus fimple d'admettre à cette
hauteur une certaine quantité d'efprits nitreux raffemblés, qui y caufent un froid local affez vif pour

produire le météore dont nous parlons.

La grêle ne se forme donc pas à
la plus grande hauteur de la moyenne région ; il paroît même impossi-
ble de déterminer de quelle élévation de l'atmosphère elle tombe
ordinairement. Sa matière étant
une pluie qui s'est durcie & condensée, ou par le froid, ou par le
mêlange subit des particules nitreuses & salines répandues dans l'air
qu'elles refroidissent à un très-haut
dégré ; cette congélation peut se
faire dans toutes les bandes dans
lesquelles on conçoit que l'atmosphère est divisée, depuis la région
supérieure à laquelle on fixe le terme de la glace, jusqu'à la bande
d'air la plus basse qui environne
immédiatement le globe : pourvu
que dans l'espace que les gouttes
d'eau ont à parcourir, elles trouvent une étendue d'air assez froide
pour les glacer, ou des matières
capables de produire le même effet.
Ainsi les nuages qui se convertis-

fent en grêle ou en neige pendant
l'hiver, doivent être fuppofés affez
peu élevés au-deffus de la région la
plus baffe de l'atmofphère. Au printems on concevra qu'elle s'eft formée dans une région plus haute,
que celle qui tombe en hiver, &
qu'elle conferve fa forme & fa
dureté, parce que l'air n'eft pas
encore affez échauffé pour les lui
faire perdre; la grêle qui tombe
dans ces faifons eft toujours ronde.
En été il ne grêle guère que pendant les orages: nous avons expliqué la manière dont fe forme la
grêle dans ces circonftances; ou fi
elle vient de la région glaciale, elle
fe diffout, & n'arrive plus à la furface de la terre que comme une pluie
ordinaire, plus ou moins froide, relativement aux difpofitions actuelles
de l'atmofphère qu'elle a traverfée.

Le grefil, ou petite grêle qui
tombe au commencement du printems & dans le milieu de l'autonne,
n'eft, à proprement parler, que les
parties dont eft compofé un nuage

I ij

affez bas & peu épais , féparées par l'action du vent qui accompagne toujours ce météore léger , lorfqu'il paroît. Sa blancheur eft égale à celle de la neige , & les grains de diffé-rentes groffeurs , font tous compofés de filamens fort minces , rapprochés les uns des autres , roulés enfemble, dans lefquels on peut reconnoître la véritable matière des nuages ; ces exhalaifons & ces vapeurs con-denfées enfemble fous la forme de filamens légers & très-minces , telles que les ont vues de fort près d'ex-cellens obfervateurs fur les plus hautes montagnes du Pérou. La lé-gèreté de ces petites pelottes , leur élafticité fait concevoir comment leurs parties féparées les unes des autres par la matière aérienne , ou le fluide fubtil, fe foutiennent dansl'air en fi grande quantité , & peuvent flotter long-tems au gré des vents fans changer de modification , & même fe diffiper & retourner en leurs parties élémentaires.

Ces petites pelottes fe forment

dans un air sec & froid ; la chaleur
ne paroît entrer pour rien dans leur
compofition : la matière du nuage
n'eft point déformée , elle n'eft que
raffemblée par l'action du vent qui
paroît agir fur les deux furfaces du
nuage d'où elles fortent, en rappro-
cher les parties , & les divifer enfuite par fon action fans les fondre ,
ce qui fait préfumer que ces nuages
ne font pas à une grande élévation.
Cette efpèce de grêle eft plus incommode à raifon des vents froids
& piquans qui accompagnent fa
chûte, que par fes effets ; quoiqu'elle puiffe être nuifible aux plantes encore tendres , & fur-tout à la
vigne lorfqu'elle commence à pouf-
fer fes feuilles qu'elle rompt quelquefois, ou fur lefquelles elle dé-
pofe une humidité nuifible , des
nitres & des fels qui, dépouillés
des vapeurs aqueufes dans lefquelles ils font enveloppés , acquièrent
par la chaleur du foleil affez d'activité pour pénétrer les feuilles, les

I iij

deſſécher en les décompoſant & les faire périr.

La neige d'hiver commence quelquefois à tomber ſous la même forme que le greſil. Ce ſont de très-petites pelottes, légères & élaſtiques, que la première impétuoſité des vents détache de la ſurface inférieure de la nuée, dont la matière n'a pas encore été fondue ni décompoſée ; mais bientôt après la neige paroît en gros flocons, c'eſt ce que l'on obſerve ſur-tout dans les pays méridionaux.

On voit tomber quelquefois en hiver & au commencement du printems une petite grêle très-menue, mais fort dure & que l'on confond avec le greſil, ſur ce que cette petite grêle eſt enveloppée de filamens ou d'une pouſſière blanche, qui n'eſt autre choſe que des parties du nuage détachées par les vents, & flottantes dans l'air, que cette petite grêle entraîne dans ſa chûte. Souvent cette eſpèce de grêle tombe

par un tems calme & humide, lorfque la température eft affez douce
à la furface de la terre, où elle fe
fond très-promptement. Elle paroît
tenir le milieu entre la grêle, proprement dite, & la neige; elle eft
plus lourde, plus compacte, &
moins élaftique que le grefil.

DISCOURS DOUZIEME.

Sur les Météores emphatiques.

On donne à quelques météores le nom d'emphatiques (a); à ceux qui par eux-mêmes n'ont aucune solidité, quoiqu'ils se montrent presque toujours sous une forme déterminée. On ne doit les regarder, ni comme des effets de l'imagination, ni comme des corps ayant des qualités fixes, mais comme des apparences formées du mélange de l'ombre & de la lumière, sur des

---

(a) Le terme *emphatique* vient du mot grec εμφαινω, *illustro, reprasento,* d'où εμφασις, *reprasentatio.*

corps aériens fort légers. Tels sont
l'arc-en-ciel, les parélies, les parasélènes, les halo ou cercles lumineux, & tous les météores brillans
& légers de ce genre, qui paroissent,
soit le jour, soit la nuit, imprimés
sur les nuages, en opposition avec
le soleil ou la lune, dont ils réfléchissent la lumière.

§. I.

Premières idées sur l'arc-en-ciel.

L'iris, ce phénomène brillant que
Descartes caractérise si à propos de
merveille de la natute, que les anciens ont toujours plus admiré qu'ils
n'ont conçu la manière dont il se
formoit, est un arc peint de diverses couleurs sur un nuage qui se
trouve en opposition avec le soleil,
dont les rayons lumineux viennent
se briser sur les gouttes dont il est
composé, en différentes directions;
& produisent par leurs réfractions,

les couleurs variées qui forment le plus brillant des météores.

La beauté de l'arc-en-ciel, la régularité de sa forme, la variété de ses couleurs, a ravi d'admiration les peuples de tous les siècles & de tous les pays. « Confidérez l'arc-en- » ciel & béniffez celui qui l'a fait, » il eft admirable dans fa beauté, il » entoure le ciel de l'éclat de fa » gloire, & la main du très-haut » en règle l'ouverture (*a*) ». Il fut le figne que Dieu donna à Noë & à fes defcendans, pour leur confirmer la promeffe qu'un déluge nouveau ne couvriroit plus la terre. C'eft ainfi que les premiers habitans du monde le confidérèrent : ils ne le virent qu'avec cet étonnement dé- licieux qu'infpire la vue du plus beau fpectacle que puiffe donner la

---

(*a*) *Vide arcum & benedic eum qui fecit illum ; valde fpeciofus eft in fplendore fuo; giravit cœlum in circuitu gloriæ fuæ : manus excelfi aperuerunt illum.* Eccléfiafti. cap. 43. v. 12 & 13.

nature ; fur-tout lors qu'après avoir été fortement agitée par la violence des orages, fa tranquillité lui eſt rendue.

Le calme qui naît tout d'un coup du fein de la confuſion, & dont l'ordre régulier des couleurs de l'iris eſt une expreſſion ſi frappante, détermina ſans doute les anciens Grecs à regarder l'iris comme fille de l'admiration. Car c'eſt ce qu'ils ont voulu exprimer lorſqu'ils ont dit qu'elle étoit fille de Thaumas & d'Electra ; le nom de Thaumas n'exprimant autre choſe que l'admiration (*a*). Ceux, dit Platon, qui ont fait l'iris fille de Thaumas, n'indiquent pas mal ſon origine ; il auroit dû dire plutôt, celle du ſentiment qu'elle inſpire : & c'eſt ce que Plutarque a dit en termes exprès (*b*). « Platon rapporte qu'on la

---

(*a*) Θαυμαζειν, *admirari*, & Plato in Thæeteto.
(*b*) Lib. 3. de placit. philoſoph. cap. 5.

,, faifoit defcendre de Thaumas
,, parce qu'on l'admiroit ,,. Les
poëtes l'attachèrent enfuite au fervice de Junon, & lui donnèrent
l'emploi particulier de porter fes
ordres : la raifon en eft prife dans
les effets mêmes de la nature. Junon
étoit la déeffe de l'air, fon nom
fervoit quelquefois à exprimer
cette modification de l'élément :
il étoit donc naturel que l'iris annonçant la difpofition prochaine de
l'air, elle fût regardée comme attachée au fervice de Junon qui y
préfidoit. Les Romains qui adop-
tèrent les dieux de toutes les nations, ne mirent cependant jamais
l'iris au rang des divinités qu'ils
reconnoiffoient par un culte public;
Cicéron s'en étonne, eu égard à la
beauté admirable de ce météore (a).

(a) *Cur autem arcus fpecies non in deo-*
rum numero reponatur ? eft enim pulcher
& ob eam caufam, quia fpeciem habet ad-
mirabilem dicitur Thaumante nata. (Lib. 3.
de nat. deorum.)

On voit seulement qu'une des deux factions du cirque, lui rendit une espèce de culte en lui consacrant sa couleur qui étoit la bleue.

Les Péruviens sont allés plus loin que les Romains : l'iris avoit un appartement ou une chapelle particulière dans le fameux temple du soleil à Cusco. On y voyoit une représentation éclatante de l'arc-en-ciel, travaillée en or : ils le regardoient comme une production immédiate du soleil ; mais ils sembloient le craindre plus que l'aimer. Ils prétendoient que l'air étoit tellement modifié par l'apparence de l'arc-en-ciel, qu'un Péruvien qui auroit à sa vue respiré la bouche ouverte, en auroit eu toutes les dents gâtées ou pourries (a). Cette imagination ainsi que la plupart des idées des autres peuples sur l'iris, venoient d'effets naturels, dont nous igno-

____

(a) Histoire des Incas, liv. 3. ch. 21.

rons les uns, & nous connoiſſons les autres (*a*).

En général les anciens Romains plus ſuperſtitieux que Phyſiciens, conſidéroient l'arc-en-ciel comme un ſiphon par lequel les eaux de la

---

(*a*) Un Portugais, un Anglois, un Juif Hollandois, & un jeune Arabe, contemploient du port de Lisbonne un magnifique arc-en-ciel, qui venoit de ſuccéder à une forte pluie. Le Juif parla le premier, & dit : l'arc de la colère eſt détendu, voilà l'aurore de la clémence. L'Arabe reprit : non, c'eſt la frange du vêtement de Dieu, qui eſt la lumière. Le Portugais dit ſimplement : où l'artiſan de cette grande voûte d'azur prend-t-il les couleurs attachées à cette admirable courbe. L'Anglois répondit : dans la palette qui colore toute la nature. Ce priſme immenſe eſt celui qu'avoit bien obſervé Newton avant de filtrer le rayon ſolaire qui lui a donné les couleurs. Et vous, demanda-t-on à un inconnu, qui écoutoit cet entretien, que voyez-vous-là ? ce que je vois : par-tout autour de moi, des apparences de couleurs, des reflets, des ombres : nous ne ſommes tous que des gouttes d'eau colorées ou tranſparentes.

pluie remontoient de la terre aux nuages, & donnoit ensuite des pluies abondantes ; les poëtes auxquels cette idée fournissoit une image brillante, la conservèrent ; ils en tirèrent des comparaisons favorables aux sujets qu'ils avoient à traiter, & maintinrent le préjugé populaire dans toute sa force (*a*).

(*a*)   Ecce autem bibit arcus pluet,
Credo hercle hodie. . . . .
> *Plaut. act. 1. scene 2. curcul.*

. . . . . .
Venturam admittat imbrifer arcus
aquam. . . .
> *Tib. lib. 1. eleg. 4.*

. . . . . .
. . . . bibit ingens
Arcus . . . . .
> *Virg. georg. lib. 1.*

Occeanumque bibit raptosque ad sidera fluctus
Pertulit & cœlo diffusum reddidit æquor.
> *Lucanus.*

. . . .
Casuras alte, sic rapit iris aquas . . . .
> *Martial. lib. 12. ep. 29.*

. . . .

Les philosophes qui travaillèrent à détruire les erreurs du peuple, en l'instruisant des effets de la nature, prétendirent avec raison qu'on ne devoit pas toujours tirer les mêmes prognostics de l'arc-en-ciel. Seneque en établit les différences : « s'il paroît au midi, il annonce » beaucoup d'eau, que le soleil, » dans sa plus grande force, ne peut » dissiper ; si on le voit au couchant, » il n'y aura que de la rosée ou une » pluie légère ; s'il se montre à l'o- » rient ou dans le voisinage, il pré- » sage un tems serein (a) ». Mais tous ces indices font fort équivo- ques, & Pline a eu très-grande rai- son de dire que les iris n'annon-

---

(a) *Non, arcus, easdem, undecumque apparuit, minas adfert ; à meridie ortus magnam vim aquarum vehet, vinci enim non potuerunt valentissimo sole ; tantum est illis virium. Si circa occasum refulsit : rorabit & leviter impluet : si ab ortu circa-ve refulsit, serena promittit.* Seneca, quæst. natural. lib. 1. cap. 6.

çoient furement ni les jours pluvieux, ni les jours fereins (*a*). Ce
qu'il y a de certain, c'eft que d'ordinaire elles ne fe forment que fur
des nuages qui fe réfolvent en pluie
ou qui doivent bientôt en donner,
& dans une difpofition de l'air plus
humide que féche.

« Lorfqu'au fein de l'orage, dit
» Lucrèce, les rayons du foleil fe
» trouvent oppofés à un nuage plu-
» vieux, on apperçoit au milieu des
» ténèbres les couleurs de l'arc-en-
» ciel ». Il ne s'étend pas davantage fur ce météore, il ne dit rien
des caufes de fa formation; occupé
d'objets plus intéreffans, le poëte
philofophe ne crut pas devoir s'arrêter fur ce fimulacre brillant, dont
le méchanifme étoit très-peu connu
de fon tems (*b*).

(*a*) *Arcus ne pluvios quidem aut ferenos
dies cum fide portendunt.* Hift. natural. lib.
2, cap. 59.

(*b*) Ubi fol radiis tempeftatem inter opacam

Aristote avoit nécessairement vu
le nuage léger sur lequel se peint
l'arc-en ciel, formé de petites gouttes d'eau séparées les unes des autres & toutes en mouvement : il
les supposoit comme autant de
miroirs convexes, dont les surfaces
opposées au soleil nous en renvoient l'image. Les trois couleurs
qu'il reconnoissoit dans l'iris, le
rouge, le verd & le violet, n'é-
toient, selon lui, qu'un mélange
varié de la lumière du soleil avec
l'ombre du nuage, plus épaisse au-
dessous, moyenne au milieu, &
fort légère au-dessus : il n'imagi-
noit pas une autre cause de ces couleurs différentes, que la combinai-
son du blanc & du noir, ou de
l'ombre & de la lumière, faite par
la nature elle-même. C'est ainsi
qu'il pensoit que toutes les couleurs

Adversa fulsit nimborum, aspergine contra,
Tum color in nigris existit nubibus arqui…
      Lucr. de rerum nat. lib. 6. carm. 523.

devoient être produites (*a*). Poſſidonius, ſavant aſtronome & mathématicien d'Alexandrie, qui vé-
cut quelque tems avant l'ère chrétienne, ajoutoit que le corps entier
du nuage devoit avoir la forme
d'un miroir concave ſphérique :
c'eſt ainſi qu'il rendoit raiſon de la
rondeur de l'iris, & de la manière
dont les rayons du ſoleil, qui en
étoient réfléchis, venoient ſe raſ-
ſembler au fond de l'œil du ſpec-
tateur comme dans leur foyer commun. Sénèque adopta cette opinion, & ne conſidéra jamais l'arc-
en-ciel que de la manière dont
Poſſidonius le lui préſentoit (*b*).

Pline nous donne une idée générale de ce phénomène aſſez juſte,
relativement à ce que l'on pouvoit
en ſçavoir alors (*c*). Il parle, ainſi

(*a*) Metereol. l. 4.
(*b*) Quæſt. natural. lib. 1. cap. 5.
(*c*) Hiſt. natur. lib. 2. cap. 52.

que Séneque, des iris lunaires, plutôt sur la foi des philosophes Grecs, que pour les avoir observées lui-même ; ainsi nous ne nous arrêterons pas davantage à discuter ce que l'école d'Epicure & celle d'Aristote ont pensé de ces météores, nous passerons tout de suite aux explications que les philosophes modernes en ont données, & après les avoir rapportées, nous ferons l'histoire des observations propres à confirmer la théorie de leurs explications.

Les couleurs de l'arc-en-ciel, comme celles de tous les météores emphatiques, ne font que les diverses modifications des rayons lumineux qui tombant sur des gouttes d'eau, y subissent différentes réfractions & réflexions : c'est delà que dépend la forme que prennent ces rayons, & les couleurs variées qu'ils produisent. On voit dans les écrits des anciens naturalistes, qu'ils avoient quelque idée de cette vé-

rité physique. Pline l'indique (*a*),
il en dit un mot au sujet de l'arc-
en-ciel qui couronne toujours la
belle cascade de Terni. Il lui eût
été facile d'aller étudier ce phénomène si voisin de lui, & d'en prendre une idée distincte : mais comme
rien n'est plus commun que l'arc-
en-ciel ; comme dans tous les tems
on l'a regardé comme une espèce
de décoration brillante qui paroissoit à la suite des tempêtes, que la
nature employoit pour en adoucir
l'horreur, & en annoncer la fin ;
comme on n'a jamais attaché d'autre
utilité à ce météore doux & tranquille, dont on n'avoit rien à re-
douter, on s'est peu attaché à le
considérer avec des yeux philosophiques : ce n'est que dans le siècle
dernier que l'on en a véritablement
étudié & connu la nature, & qu'on
s'est appliqué à vérifier les conjectures des anciens.

(*a*) Histor. natural. lib. 2. cap. 62.

Marc-Antonio de Dominis, archevêque de Spalatro, est le premier qui, en 1611, ait démontré que l'apparence de l'arc-en-ciel dépendoit de la réfraction & de la réflexion des rayons lumineux sur les gouttes d'eau répandues dans l'air, ou sur un nuage léger formé de ces gouttes (a). Descartes vint ensuite qui embrassa ce sentiment, le rendit plus vraisemblable par les explications qu'il y ajouta. Jean-Christophle Sturmius, mathématicien d'Altorff, donna un traité de l'iris; c'est d'après ces premières tentatives que le célèbre Newton, & le savant Halley, donnèrent une théorie nouvelle de l'arc-en-ciel. On s'en est tenu depuis aux principes que ces physiciens illustres ont établis sur ce météore, parce que l'on a reconnu par une multitude d'observations réitérées qu'ils

____

(a) *Tract. de radiis visus & lucis.*

étoient conformes aux procédés de
la nature.

Les couleurs les plus remarquables sur l'arc-en-ciel sont le rouge
éclatant, le verd & le jaune, qui,
se mêlant par leurs extrémités,
produisent des couleurs moyennes,
telles que le jaune orangé, le bleu
& le pourpre : mais quelques variétés qu'on remarque dans les teintes
de l'iris, on verra toujours qu'elles
sont produites par le mélange des
couleurs principales. Ces couleurs
sont l'effet naturel du passage des
rayons lumineux de l'air dans l'eau
ou dans les molécules aqueuses,
& de leurs réflexions & réfractions
de l'eau dans l'air. Du point d'incidence d'où l'on peut regarder la
ligne comme directe ou perpendiculaire au point de réflexion, on
prétend que ces rayons prennent la
forme concave à l'intérieur, &
convexe à l'extérieur ; c'est-à-dire
que pour réfléchir la lumière & la
modifier de façon que l'arc-en-ciel
soit peint des couleurs qui s'y font

remarquer, il faut que la lumière soit réfléchie & réfractée par une matière aqueuse divisée en différentes gouttes presque insensibles, qui lui donnent les modifications d'où résultent les couleurs variées de l'arc-en ciel ; & c'est la forme même des gouttes d'eau qui peut faire entendre comment un rayon de lumière peut être concave d'un côté & convexe de l'autre.

Un rayon parti du centre du soleil tombe sur une goutte de pluie, qu'on suppose sphérique ; il s'y rompt suivant la loi connue de la réfraction de la lumière dans l'eau, c'est-à-dire ensorte que le sinus de l'angle de réfraction soit au sinus de l'angle d'incidence comme trois à quatre ou à peu près. Il va frapper contre la surface concave de la goutte ; il s'y réfléchit à angles égaux ; delà il ressort de la goutte en se rompant selon la réflexion de la lumière de l'eau dans l'air, & vient à l'œil du spectateur placé entre le soleil & le plan où est la pluie, ou l'amas de molécules aqueuses sur lesquelles paroît l'arc-en-ciel.

Comme il tombe du centre du soleil, sur la goutte d'eau, une infinité de rayons parallèles entr'eux à cause du grand éloignement, & qu'ils ont différentes incidences sur la goutte, à raison de sa courbure, ils en sortent tous sous divers angles, après deux réfractions & une réflexion entre les deux réfractions. Pour se faire une idée plus distincte de cette théorie, il faut concevoir une ligne tirée du centre du soleil, qui traversant le derrière de la tête du spectateur, passe par le centre de son œil, & se termine au plan de la pluie. Cette ligne visuelle est par conséquent parallèle aux rayons du soleil, qui tombent sur une goutte, & elle est rencontrée par tous les rayons qui en sortent, ou au moins par quelques-uns. Or par les calculs faits sur les observations les plus exactes, les rayons qui sortent de la goutte, ne peuvent pas rencontrer

Tome VII.   K

cette ligne sous un angle plus grand
que quarante-deux degrés, ou environ, & de plus ceux qui la rencontrent sous cet angle, ou sous
un angle seulement un peu moindre, sont en nombre beaucoup plus
grand que ceux qui se rencontrent
sous de moindres angles : d'où il
suit qu'au-dessus de l'angle de quarante-deux degrés, il y a relativement à l'œil une ombre parfaite
puisqu'il ne reçoit aucuns des
rayons rompus ou sortis de la goutte,
& qu'au-dessous de quarante-deux,
à commencer par exemple à quarante, il y a à peu près une ombre;
ou plutôt l'effet de la réflexion &
de la réfraction des rayons lumineux, cesse & se confond avec la
lumière générale dont l'air est encore éclairé; ce qui est sensible en
ce que l'œil est beaucoup moins
frappé du peu de rayons qui lui
viennent au-dessous de l'angle de
quarante degrés, que du nombre
de ceux qui lui viennent de
quarante-deux jusqu'à quarante,

intervalle où ils font extrêmement
ferrés , quoique leur denfité foit
inégale ; & c'eft ce qui occafionne
la variété des couleurs de l'arc-en-
ciel. Au point de quarante-deux
degrés où les rayons font plus directs & plus denfes , paroît le rouge
éclatant , enfuite en fe rapprochant
de quarante-deux à quarante, où la
réflexion diminue , & où la ligne
vifuelle rencontre moins de rayons ,
on voit fucceffivement l'orangé , le
jaune , le verd , le bleu , & enfin le
pourpre & le violet , qui font le
dernier effet de la réflexion qui eft
à peine fenfible , & où la lumière
fe confond avec les ténèbres.

Cette inégale denfité de rayons ,
qui fortent après différentes réfractions & réflexions , vient de la
courbure des furfaces qui les ont
rompus, & elle varie felon cette
courbure. L'ombre qui termine
les bords de l'arc-en-ciel, tant en
dedans qu'en dehors , eft néceffaire
pour faire fortir les rayons colorés,
& donner au météore toute l'appa-

rence dans laquelle il confiste : c'eft ainfi que dans le prifme il faut qu'il y ait de l'ombre de part & d'autre des rayons colorés , pour qu'on puiffe les diftinguer.

Que l'on fe mette dans une pofition favorable , le matin lorfque le foleil commence à monter fur l'horifon ; on remarquera autant de petites iris , ou d'arcs colorés qu'il y a de différentes gouttes de rofée, fur les plantes , fur les toiles d'araignées , & les autres corps légers où la rofée fe raffemble : on peut faire la même obfervation avant le foleil couchant, lorfque dans le cours de la journée il eft tombé de la petite pluie ; par ce moyen on peut fe faire une idée de la matière du nuage fur lequel fe peignent les couleurs de l'arc-en-ciel. Il faut , difoient les anciens , que la nuée foit difpofée de manière qu'elle foit tranfparente d'un côté & opaque de l'autre, à la manière d'un miroir concave qui réfléchit les rayons du foleil vers les yeux de celui qui le regarde,

Ils se seroient expliqués d'une manière plus conforme aux procédés de la nature, s'ils eussent dit que chaque goutte d'eau devoit avoir à peu près cette forme, & que le nuage sur lequel se peint l'arc-en-ciel, ne doit pas être un corps solide dont toutes les parties soient continues, mais plutôt un amas de différentes gouttes contiguës les unes aux autres, toutes figurées de même, rondes & transparentes, qui par conséquent ont chacune la forme convexe & la forme concave requise pour la réfraction des rayons lumineux, qui s'y modifient de manière à produire les couleurs qui frappent la vue. Ces gouttes légères sont ou des vapeurs qui s'élèvent en grande quantité d'un fleuve ou d'une autre masse d'eau à la suite d'une action assez vive du soleil, & que la solidité de l'atmosphère inférieure tient comme suspendues à une certaine hauteur, ou bien elles sont l'effet d'un nuage mis en dissolution, dont les parties sont

K iij

tellement atténuées qu'elles ne peuvent vaincre la réſiſtance qu'elles trouvent dans l'air qui les ſoutient avant que de s'être réunies, & d'avoir acquis une plus grande peſanteur ſpécifique que celle qu'elles avoient d'abord. Ainſi on peut regarder les gouttes d'eau ſur leſquelles ſe forme l'arc-en-ciel, ou comme tombantes des nuées, ou comme ſaillantes de la ſurface de la terre en haut, & par conſéquent ce phénomène, ou accompagne la pluie qui tombe dans ſon voiſinage, ou l'annonce comme très-prochaine.

§. II.

Arc-en-ciel de la Caſcade de Terni en Ombrie.

Que l'arc-en-ciel ſe forme & ſe conſerve de cette manière, on n'en doutera point après l'obſervation ſuivante, faite ſur un arc-en-ciel pérenne, & ſur une eſpèce de nuage dont on peut examiner de près

la matière, & s'assurer par le tact &
la vue de la manière dont elle est
disposée.

La rivière de *Vélino*, qui forme
la magnifique cascade de Terni en
Ombrie, après être sortie du lac
de *Luco*, prend un cours précipité
sur un niveau penchant, jusqu'à ce
qu'elle soit arrivée à l'extrémité
de la montagne *del Marmore*, d'où
elle fait un saut perpendiculaire
d'environ deux cent pieds de hauteur sur des rochers, où elle se
brise avec tant d'effort qu'il s'en
élève un nuage, que l'on peut comparer à une poussière humide (*un*
polverino d'aqua, disent les Ita-
liens), & qui se soutient toujours
à quelques toises au-dessus du niveau de la montagne ; de sorte que
tous les environs sont enveloppés
d'un brouillard continuel, assez
épais pour intercepter les rayons
directs de la lumière ; mais si léger
qu'il ne détrempe point le terrein
qu'il arrose sans cesse. Il le pénètre en
y répandant plutôt une douce fraî-

cheur qu'une humidité ſenſible, ainſi
que je l'ai très-exactement obſervé.

Ce brouillard vu du côté oppoſé
à la caſcade fait un effet merveilleux ; il reçoit les rayons du ſoleil
qui viennent s'y briſer, & il s'y
forme, tantôt pluſieurs arcs-en-ciel
qui ſe croiſent, changent de place,
s'élèvent ou s'abaiſſent relativement à la force que le mouvement
inférieur de l'eau imprime au brouillard qu'ils colorent, à la direction
des vents qui contribuent plus où
moins à ſa condenſation ou à ſon
expanſion. Quand le vent du midi
raſſemble le brouillard contre la
montagne, & le tient dans une
eſpèce de tranquillité, alors le ſoleil ne forme qu'un ſeul grand arc
qui couronne toute la caſcade &
ſes environs. Le côté du brouillard
éclairé par le ſoleil paroît entiérement lumineux, & la portion de
cercle que décrit l'arc n'a pas ſes
couleurs auſſi bien diſtinguées qu'on
les voit dans les iris ordinaires.
Souvent elles ſe confondent les

unes dans les autres, quoique l'on
y remarque toujours les trois zones
que décrivent les trois couleurs
principales. On observe aussi que
toutes les particules aqueuses font
fort agitées, & ce mouvement continuel de particules colorées, qui
se fondent insensiblement les unes
dans les autres, ajoute à la singularité de ce beau spectacle.

Ce qui fait encore que les couleurs paroissent se confondre, c'est
que l'on est très-près de cette iris
lorsqu'on l'observe; on distingue
le mouvement des particules aqueuses du brouillard, & l'on verroit
la même chose dans les arcs-en-
ciel ordinaires, si l'on pouvoit les
considérer d'aussi près & aussi
long-tems. Je l'ai vérifié depuis.
Voyant un arc-en-ciel dont un des
côtés étoit appuié sur un petit bois
peu éloigné de moi, je m'en approchai assez pour reconnoître que les
couleurs qui, d'environ un quart de
lieue m'avoient paru très-démêlées,
se confondoient; je vis le mouve-

ment diftingué de la bruine ou
des petites gouttes d'eau qui fe faifoit en tout fens : l'arc fe foutint
affez pour que j'eus le tems de le
traverfer ; je me trouvai environné
d'une lumière douce & très-agréa-
ble, qui donnoit à la verdure des
arbres un éclat plus marqué, une
couleur plus vive que celle des autres arbres qui étoient hors de la
colonne, & qui diminuoient infenfiblement jufqu'à ce qu'on ne
fût arrivé plus avant dans le brouillard, qui étoit alors beaucoup plus
épais & plus humide.

Il eft rare de pouvoir faire ces
fortes d'obfervations en plaine ; il
faut que le brouillard foit adoffé
à quelque hauteur qui le retienne ;
c'eft dans cette pofition que j'ai
prefque toujours remarqué que les
arcs-en-ciel duroient le plus long-
tems. Ce qui eft caufe encore que
l'on ne peut que rarement faire ces
obfervations avec exactitude, c'eft
que l'arc-en-ciel ne fe forme qu'à
la fuite des tems pluvieux, après

les orages, dans une température humide qui ne permet pas de suivre de près ce phénomène, & d'ordinaire la pluie qui survient, en faisant disparoître le météore lumineux, arrête l'observateur & le force à attendre une occasion plus favorable.

Autour de la cascade de Terni, plus on avance dans le brouillard au-delà du côté éclairé par le soleil, plus il devient obscur, sans que ses particules soient plus condensées ou plus réunies dans un endroit que dans un autre; au moins le jour que je l'observai, elles étoient par-tout de la même légèreté & de la même ténuité. A mesure qu'on descend de la montagne à travers ce brouillard, on s'apperçoit qu'il devient plus diaphane; jusqu'à ce qu'enfin on ne reconnoisse les rayons du soleil mêlés ou brisés parmi les vapeurs aqueuses, qui conservent toujours la même modification, & qui ne cessent d'être sensibles que de l'autre côté de la rivière, lorsqu'on va se

placer dans un endroit aſſez éloigné
de la chûte de l'eau pour obſerver
la caſcade & le bel arc qui la couronne.

Je ne fais aucune réflexion ſur
l'obſervation que je viens de rapporter ; je me contente d'aſſurer
qu'elle eſt vraie, & plus ſûre que
toutes les expériences que l'on a
imaginées pour expliquer la formation de l'arc-en-ciel, & ſes cauſes.
On n'eſt nulle part ailleurs auſſi à
portée d'étudier tranquillement ce
phénomène agréable, où l'on voit
la nature opérer toujours, d'une
manière ſi uniforme, ſi ſimple, ſi
facile à ſaiſir, que l'on oublie les
tentatives incertaines de l'art, &
les raiſonnemens obſcurs de l'hypo-
thèſe, pour céder à l'évidence même. Cette ſingularité étonne par la
magnificence de ſon ſpectacle ; le
premier ſentiment qu'elle inſpire
eſt celui de l'admiration, mais
bientôt la curioſité ſuccède, & l'on
s'inſtruit avec ſatisfaction, à la
voix éloquente de la nature même,

que l'on peut écouter sans distrac-
tion (*a*).

On voit de même au Canada un
arc-en-ciel pérenne, fixé dans le
même endroit & par le tems le plus
serein. Il se forme sur une espèce
de brouillard comme celui de Terni,
& il est produit par une cause tout-

(*a*) Cette cascade n'a pas toujours été où
on la voit, elle n'existoit pas quelque tems
avant Cicéron. On lit dans l'épître quatrième du quatorzième livre des lettres à At-
ticus, que les habitans de *Riéti* intentèrent
un procès à ceux de *Terni*, au sujet de la
coupure faite par un certain M. Curius,
dans la montagne, & qui avoit détourné
le cours de la rivière de *Velino*, pour former cette cataracte. On prétend que ce qui
détermina l'habitant de Terni à cette en-
treprise, ce fut l'intempérie que les eaux
de la rivière occasionnoient dans les environs : elles n'avoient pas une issue libre,
se répandoient par la campagne & inon-
doient une assez grande étendue de terrein
qui restoit inculte. *Voyez* ce qui en est dit
dans la description historique & critique
de l'Italie, tom. VI. pag. 446. & suiv.
édit. de 1769.

à-fait semblable. L'eau du fleuve Saint-Laurent brisée dans une cata-racte dont la chûte est de plus de deux cent pieds, fait jaillir, & lance dans l'air une multitude prodigieuse de petites gouttes, dont la réunion forme un nuage, une bruine que l'on apperçoit de cinq lieues, & où le soleil peint toujours un arc-en-ciel avec ses plus belles couleurs. La largeur du fleuve, la quantité d'eau qu'il roule, doivent produire un météore beaucoup plus étendu & plus majestueux que celui de la cascade de Terni; mais comme la cause & l'effet sont les mêmes, on peut juger de l'un par l'autre; & s'il étoit possible de traverser le brouil-lard du fleuve de Saint-Laurent, comme celui qui couvre la mon-tagne *del' Marmore*, on y verroit l'eau modifiée de même; une obs-curité pareille au centre du nuage, le même mouvement dans les mo-lécules aqueuses, & la lumière s'ac-croître & se dégrader de même.

§. III.

Progrès des connoiffances fur l'arc-en-ciel. Obfervations différentes faites fucceffive-ment par les philofophes.

Ce que nous avons dit jufqu'à préfent de l'arc-en-ciel, ne doit être regardé que comme une première idée qui demande des développemens qui la rendent plus inftructive & plus fatisfaifante. L'autorité irréfragable des anciens foutint leurs fentimens fur l'arc-en-ciel, comme fur la plupart des autres effets de la nature, pendant une longue fuite de fiècles. L'efprit humain étoit alors dans une efpèce d'engourdiffement qui ne lui permettoit pas de tenter aucune nouvelle découverte. Les plus habiles dans ces tems d'ignorance, étoient ceux qui favoient quelque chofe de ce que les anciens avoient vu ou imaginé, & qui pouvoient en rendre compte. Albert le grand, dominicain, qui mourut en 1282, après avoir abdiqué l'évêché de Ratisbonne, pour se livrer plus librement aux charmes de l'étude, appliqua à l'explication de l'arc-en-ciel, l'expérience du prisme. Le premier il osa croire & dire que les anciens n'avoient pas tout vu; il supposa que les rayons lumineux qui passent au travers des gouttes de pluie opposées au soleil, y souffroient comme dans le prisme deux réfractions consécutives, l'une en entrant de l'air dans l'eau, l'autre en sortant de l'eau dans l'air; que ces rayons se coloroient ainsi diversement selon les densités différentes des gouttes sphériques d'eau par où ils passoient, & que delà ils alloient se peindre sur une seconde nuée plus épaisse qui étoit par derrière, & d'où ces rayons colorés étoient réfléchis vers les yeux du spectateur. Ce philosophe si célèbre dans son siècle, ne pût ima-

giner que la réflexion des rayons
lumineux pouvoit se faire sur les
mêmes gouttes, par lesquelles s'en
faisoit la réfraction : il aima mieux
supposer un second nuage, ne faisant pas attention à l'obstacle que
le premier nuage interposé devoit
apporter à la réflexion jusqu'à l'œil
du spectateur. On l'en crut sur sa
parole, car alors on ne se donnoit
pas encore la peine ni d'imaginer
ni de réfléchir.

Quelques tems après Albert le
grand, le Polonois Vitellion, conclut, de diverses expériences d'optique, que la réfraction qui produit
les couleurs de l'arc-en-ciel, & la
réflexion qui nous les renvoie se
font l'une & l'autre dans la même
goutte d'eau. Pour en venir-là il ne
falloit que jetter de l'eau en l'air
vers la partie du ciel opposée à celle
où se trouve le soleil, pour voir
peintes sur ces différentes goûtes
toutes les couleurs de l'arc-en-ciel.
Ces gouttes à mesure qu'elles retombent & qu'elles se trouvent à

diverses distances de l'œil, donnent des apparences variées aux rayons lumineux : il faut être à une distance convenable pour voir ces différentes couleurs, trop loin ou trop près, elle ne font plus sensibles. C'est pour cela qu'en s'approchant trop du nuage ou du brouillard sur lequel paroît l'iris, on ne voit plus qu'un mélange imparfait de couleurs, ou des molécules aqueuses brillantes d'une lumière extraordinaire.

On peut faire la même observation après le lever du soleil dans une prairie couverte de rosée, chaque goutte éclairée par le soleil réfléchit une couleur différente suivant qu'on s'en approche, ou que l'on s'en éloigne, qu'on la considère de plus haut ou de plus bas ; & on remarque les mêmes variations, les mêmes changemens de couleurs dans une seule goutte, que celles que l'on remarque dans toute la prairie vue en même-tems. De ces observations on a conclu que c'est

la même goutte d'eau qui tombant
du haut d'un nuage obſcur, &
frappée par les rayons du ſoleil les
rompt & les réfléchit ſucceſſivement, de manière qu'elle change
de couleur à chaque inſtant de ſa
chûte, & paſſe ſucceſſivement du
rouge au jaune, au vert, au bleu,
au violet, pour ſe perdre & ſe confondre dans les autres molécules
aqueuſes qui forment la partie obſcure, environnée par le cercle lumineux. Il n'eſt pas néceſſaire que
ces gouttes tombent, il ſuffit qu'elles changent de place, & qu'elles
ſoient dans un mouvement continuel, ainſi qu'on l'obſerve à la caſcade de Terni, où les très-petites
gouttes d'eau dont eſt formé le
brouillard ſur lequel ſe peint l'arc-
en-ciel, ont toutes ſortes de mouvemens inégaux, perpendiculaire,
diagonal, horiſontal même; c'eſt
ce dernier qui dure le moins dans
l'arc-en-ciel, quoique ce ſoit de
cette manière que doivent être diſ-
poſées les vapeurs aériennes ſur

lefquelles nous voyons les couleurs de l'iris fe peindre par bandes horifontales, foit au lever du foleil, foit à fon coucher.

Le nombre des couleurs qui paroiffent dans l'arc-en-ciel, a été long-tems un fujet de difpute entre les philofophes les plus célèbres. Les anciens depuis Ariftote jufqu'à Séneque, & depuis le fiècle de Séneque jufqu'à celui de Vitellion, ne virent que trois couleurs dans l'arc-en-ciel, le rouge, le verd, le violet ou le pourpre foncé : ils ne regardèrent les autres couleurs que comme des nuances de ces trois couleurs primitives, & l'apparence que doit produire le paffage de l'une à l'autre. On n'en vit pas davantage de la fin du treizième au dix-feptième fiècle, depuis Vitellion jufqu'à Marc-Antoine de Dominis, le premier des modernes qui depuis le rétabliffement des fciences fe fit une véritable théorie de l'arc-en-ciel : il y remarqua plus de trois couleurs, mais il n'en fixa pas le

nombre. Defcartes qui le fuivit de
près, & qui fe fervit habilement
de la géométrie pour faire d'utiles
découvertes en phyfique, réduifit
ces couleurs à cinq, le rouge, le
jaune, le verd, le bleu & le violet.
Il affigna à chacune fon ordre naturel, tel qu'on le voit conftamment dans l'iris. Il joignit l'expérience à l'obfervation, d'abord il
s'affura que la plus grande hauteur
de l'arc-en-ciel, lorfqu'il eft demi-
circulaire, eft de quarante-deux
degrés : Vitellion & Dominis l'a-
voient remarqué de même, & ils
avoient auffi reconnu que c'eft la
mefure de l'angle que fait la ligne
centrale au fortir de l'œil avec les
rayons vifuels qui aboutiffent à la
plus grande circonférence de l'iris,
au cercle rouge qui la termine en
dehors; & depuis on a obfervé que
la plus grande hauteur du cercle
violet qui la termine en dedans eft
de quarante degrés ; ainfi voilà les
deux circonférences extérieures &
intérieure de l'arc-en-ciel bien dé-

terminées, sous deux angles, l'un de quarante-deux, l'autre de quarante degrés ; & c'est dans l'espace de quarante-deux à quarante que l'on voit les autres couleurs qui se trouvent entre le rouge & le violet. Descartes pour s'assurer de l'ordre naturel des couleurs & de la proportion des angles, prit une boule de verre pleine d'eau & assez grosse pour que les couleurs qu'il supposoit devoir s'y peindre ne pussent pas se confondre. Il la plaça à une hauteur convenable, & il se mit entre cette boule & le soleil, qu'il avoit au dos dans une position où il pût voir successivement dans cette boule les couleurs de l'arc-en-ciel. Il apperçut constamment du rouge dans l'hémisphère inférieure de la boule, où le rayon visuel formoit avec la ligne centrale un angle de quarante-deux degrés. Il augmenta cet angle, le rouge disparut, & il ne vit plus qu'une ombre parfaite : en le diminuant, il cessa de même de voir le rouge, mais il reconnut

successivement les mêmes couleurs
qu'il avoit remarquées dans l'arc-
en-ciel, & au-dessous de l'angle de
quarante degrés, il ne vit plus
qu'une obscurité pleine ; ce qui ne
lui laissa aucun lieu de douter que
les couleurs de l'arc-en-ciel ne sont
visibles que dans l'espace de quarante-deux à quarante degrés. On a
depuis réitéré la même expérience,
& on en a eu les mêmes résultats ;
on l'a perfectionnée en plaçant l'une
au-dessus de l'autre cinq boules de
verre pleines d'eau d'égale grosseur, & dont le diamètre pris ensemble répondît à la distance de
quarante-deux à quarante degrés,
c'est-à-dire chaque boule répondant à l'espace de vingt-quatre minutes, & on a eu sur chacune une
des cinq couleurs de l'arc-en-ciel,
le rouge en haut, le violet en bas.

De-là on est parvenu à s'assurer de
la manière dont le rayon lumineux
pénètre dans la molécule aqueuse, s'y
réfracte, & s'y réfléchit, de manière
qu'il puisse arriver à nos yeux après

s'être coloré; & on a vu que les rayons folaires doivent tomber au-dessus du grand cercle horisontal pour produire les couleurs apperçues dans l'hémisphère inférieure de la boule d'eau; parce que si l'on couvre la partie supérieure de la boule l'expérience manque, & on ne voit plus de rayons colorés. Dans l'état ordinaire la lumière qui entre obliquement de l'air dans l'eau se rompt, enforte que l'angle d'incidence est à celui de réfraction comme quatre est à trois, & au contraire en fortant de l'eau dans l'air, l'angle d'incidence est à celui de réflexion comme trois est à quatre. C'est ce rapport qui décide la largeur du cercle de l'iris, & qui nous apprend que les rayons folaires après être tombés fur les gouttes d'eau au-dessus du grand cercle horizontal de l'arc-en-ciel intérieur, reviennent à l'œil par-dessous après deux réfractions & une réflexion.

Mais comme souvent on apperçoit l'arc-en-ciel double, & que dans

dans celui qui paroît le plus haut,
on voit les couleurs en ordre in-
verſe, dont la première expérience
ne pouvoit pas donner la théorie,
l'immortel Deſcartes crut qu'en
augmentant peu à peu l'angle de
viſion, il arriveroit à la découverte
qu'il cherchoit. Il ne ſe trompa
point, quand il fut arrivé à l'ouverture de cinquante-un degrés, il
commença de nouveau à voir du
rouge, mais dans l'hémiſphère ſupérieure de la boule, & au-deſſus
de ſon grand cercle horiſontal. En
donnant par degrés plus d'étendue
à cet angle, il découvrit ſucceſſivement le jaune, le verd, le bleu,
& le violet, dans le même ordre
qu'on les voit dans l'arc-en-ciel
extérieur; les couleurs étant moins
vives, ſoit à raiſon de leur diſtance,
ſoit parce que les rayons ſolaires
qui doivent tomber au-deſſous du
grand cercle horiſontal pour venir
à l'œil par-deſſus, après deux réfractions & deux réflexions, perdent
par cette détermination différente

Tome VII.   L

une partie de leur éclat. Les tables que Deſcartes dreſſa à la ſuite de ſes obſervations pour déterminer les angles différens ſous leſquels on apperçoit les couleurs variées de l'arc-en-ciel, ſont ſi exactes, ſi préciſes, qu'après une multitude d'expériences & d'obſervations faites en conſéquence par les plus habiles philoſophes; le ſavant Maraldi n'a pas héſité de dire qu'il ne reſte plus rien à deſirer ſur cette matière. (*Mém. de l'acad. des ſciences, an.* 1721. *pag.* 23.

On n'a diſputé à l'illuſtre Deſcartes ni la vérité de ſes obſervations, ni l'exactitude de ſa méthode, mais on a prétendu qu'il n'avoit pas découvert toutes les couleurs de l'arc-en-ciel. Gaſſendi au lieu de cinq couleurs, aſſura qu'on en remarquoit ſept, le rouge, l'orangé, le jaune, le verd, le bleu, l'indigo & le violet. Ce philoſophe avoit de la réputation, & il la méritoit, mais on ne vit rien de nouveau dans ſa découverte qu'une vaine prétention : on prit la couleur orangée pour la nuance qui sépare le rouge du jaune, & l'indigo pour celle qui est entre le bleu & le violet. Ce fut le sentiment de Descartes lui-même, qui ne révoqua point en doute la vérité de l'observation de Gassendi, mais qui n'y vit rien au-delà de ce qu'il avoit apperçu. Long-tems après, le célèbre Newton qui aspiroit à la gloire de l'invention en toutes choses, présenta le système de Gassendi sous une autre face ; & après d'autres expériences, il démontra qu'il y avoit dans l'arc-en-ciel sept couleurs auxquelles il donna le nom de primitives : il désigna leurs espaces, & expliqua leurs rapports ; il représenta la largeur de la bande colorée de l'arc-en-ciel, non sur les mesures qu'il avoit pu en prendre, mais par le moyen d'un carton sur lequel il avoit reçu les couleurs du prisme triangulaire, qui sont les mêmes que celles de l'arc-en-ciel, & disposées dans le

même ordre. Il fit voir qu'il règnoit entr'elles la même harmonie que celle qui règne entre les tons de la musique : « convenance merveil-
» leuse, dit M. de Fontenelle,
» (*Hist. de l'acad. des sciences, an.*
» 1720. *pag.* 11.) & cependant
» très - vraisemblable; n'est-il pas
» naturel que les différentes mo-
» difications de la vue & de l'ouie se
» répondent ? » Ainsi le philosophe anglois établit un nouveau systême de couleurs harmonieuses, ou plutôt harmoniques, qui donna lieu depuis à une autre idée peut-être encore plus originale, & qui ne pouvoit partir que d'une imagination aussi véhémente que hardie, au *clavessin oculaire* du P. Castel, jésuite, qui passa une partie de ses jours à méditer sur cet instrument singulier, & même à travailler à sa construction, au moyen duquel, en variant les couleurs, il prétendoit donner à l'organe de la vue, les mêmes sensations que le clavessin donne à l'ouie : projet dans lequel il échoua,

mais qui amufa long-tems fon auteur, & qui le dédommagea par
plufieurs autres obfervations cu-
rieufes.

Sans entrer ici dans les différens
fyftêmes fur la génération des couleurs, nous nous contenterons de
dire, relativement à l'arc-en-ciel,
que fes couleurs, qui plaifent plus
encore que la régularité de fa forme, viennent de l'action différente
des rayons lumineux fur le corps
opaque qui les réfléchir, & de la
profondeur différente des vapeurs
dans lefquelles ils fe réfractent &
fe réfléchiffent avant que d'en fortir. La première bande d'un rouge
vif, eft produite par des rayons qui
pénètrent peu avant dans la fubf-
tance du nuage, le rayon pénétrant
un peu plus devient orangé & enfuite verd. Le jaune qui fuit eft une
modification encore plus marquée
de la lumière dans les ténèbres. Le
bleu, le violet ou le pourpre foncé
font les derniers efforts gradués de
la lumière pour vaincre les ténèbres.

Les sept couleurs que l'on compte dans l'iris y peuvent être distinguées, mais il y en a trois que l'on ne doit pas regarder comme primitives, elles ne font que des dégradations des autres, & des nuances qui s'étendent en perdant de leur éclat. Cet ordre est si beau, ces couleurs quoique constamment les mêmes, font si naturelles, si vraies, qu'elles ont toujours le charme de la nouveauté. Il n'est donc pas étonnant que les poëtes aient représenté ces couleurs comme variées à l'infini :

Mille trahit varios adverso sole colores.

Virg. Æneid. 4.

En effet quelle admirable gradation dans les teintes fines qui séparent les couleurs principales ! quelle douceur dans les nuances délicates qui les unissent ensemble, & qui font elles-mêmes autant de couleurs différentes, autant de petits arcs concentriques d'un éclat doux & varié. On ne les distingue qu'avec attention, & cependant par un art

merveilleux de la nature, toutes
ces couleurs, qui se ressemblent en
s'approchant les unes des autres,
finissent par être tout à fait différentes : *commissura decipit ; usque
ad eo mira arte naturæ, quod à si-
millimis cœpit, in dissimilia definit.*
(Senec. nat. quæst. lib. 1. cap. 3.)
Ovide s'est aussi bien exprimé que
le philosophe, lorsqu'en parlant de
la dégradation merveilleuse des
couleurs de l'iris semblables d'a-
bord, & tout à fait différentes
ensuite, il dit que l'œil même est
trompé par ce passage étonnant
quoiqu'insensible d'une couleur à
une autre :

In quo diversi niteant cum mille colores ,
Transitus ipse tamen spectantia lumina fallit ;
Usque adeo quod tangit idem est, tamen
   ultima distant.

Ovid. lib. 6. metamorph.

§. IV.

Hauteur de l'arc-en-ciel & autres modifications.

La hauteur de l'arc-en-ciel eſt déterminée par les expériences & les obſervations que nous venons de rapporter; & s'il eſt en apparence plus haut ou plus bas, c'eſt relativement à la diſtance dont on le voit. L'angle extérieur eſt toujours de quarante - deux degrés; mais ce qui eſt de plus étonnant dans ce phénomène, c'eſt ſa forme régulière & toujours la même. La cauſe pour en être ſenſible n'en a pas été plus aiſée à expliquer; quoique tous les philoſophes aient tenté d'en rendre raiſon. C'eſt à l'effet de l'incidence des rayons lumineux ſur un plan obſcur, que l'on doit en attribuer l'apparence : mais une forme ſi régulière doit tenir à une cauſe qui ne l'eſt-pas moins.

Avant que de découvrir la véritable, on en a allégué plusieurs, que l'on peut regarder comme chimériques. Les uns ont prétendu que c'étoit la rondeur du soleil qui venoit se peindre dans le nuage opposé par les rayons de sa circonférence, que l'on supposoit plus vifs que ceux du centre, ou qui en approchoient le plus. Les autres ont attribué ce phénomène à la rondeur du nuage qui recevoit à sa circonférence un plus grand nombre de rayons solaires, & plus actifs que dans le reste de sa surface. On a dit encore que les rayons du soleil après avoir traversé notre atmosphère, alloient se réunir comme au travers d'un verre convexe dans quelque point commun, pour delà se répandre tout à la ronde sur le plan du nuage, d'où, après s'être colorés, ils revenoient à nos yeux. Enfin on a attribué la forme régulière de l'iris à une vertu attractive qui déterminoit la lumière à un certain point du ciel, & avoit le pouvoir d'en disposer les rayons en forme

circulaire pour produire les apparences de l'iris. Ces fentimens ou
ces rêveries philofophiques, que la
fantaifie d'imaginer quelque chofe
de nouveau fit naître, plutôt qu'aucune connoiffance réelle & appro-
fondie du météore dont nous parlons, ont pu amufer quelque tems
une ignorante crédulité; d'autant
mieux qu'elles étoient exprimées
dans un jargon fcientifique qui en
impofe toujours à la multitude.

La forme de l'iris a des caufes
plus réelles dans les règles conf-
tantes de la nature. Nous avons
déja déterminé la hauteur précife
du bord extérieur de l'arc-en-ciel
à quarante-deux degrés, & la hauteur du bord inférieur à quarante.
C'eft dans cet intervalle que fe
peignent les couleurs variées que
l'on y remarque lorfqu'il eft demi-
circulaire, & c'eft ce qui détermine
la forme régulière de l'arc-en-ciel.
Dès-lors on doit fe le repréfenter
comme la bafe d'une piramide
ronde perpendiculaire, ou, com-

me s'expriment les géomètres,
comme la base d'un cone droit qui
a pour sommet le centre de l'œil ,
pour axe la ligne centrale , & pour
côté les rayons visuels , tous appuyés circulairement , les uns sur
la circonférence extérieure de la
bande colorée , où ils font un angle
de quarante-deux degrés , les autres
sur les circonférences intermédiaires , où ils font divers angles moyens
selon la nature des couleurs que
nous y appercevons. Ainsi la rondeur de l'iris a deux causes que l'on
trouve dans les règles de l'optique.
Premièrement la position directe
de l'œil du spectateur entre le soleil & le plan de la nuée sur laquelle tombe la ligne centrale , &
en second lieu l'égalité des angles
sous lesquels on voit sur ce même
plan , chacune des couleurs de la
bande colorée.

De cette disposition , tant du
spectateur , que des objets qu'il considère , il doit résulter une piramide visuelle qui aura pour som-

met le centre de l'œil, pour axe
la ligne centrale, pour côté les
rayons viſuels, & pour baſe un
cercle repréſenté dans le nuage *(a)*

On ſe fera peut-être quelque
difficulté de concevoir l'exactitude
de la théorie que nous venons d'é-
tablir, ſur ce que l'inégalité connue
de la ſuperficie des nuages ſemble
contredire les apparences de l'arc-
en-ciel, tel qu'il ſe préſente à la
vue, ſur un plan parfaitement égal,
duquel toutes les couleurs reſſor-
tent à la même diſtance, comme
d'une ſurface tout-à-fait unie:
quoique l'on ne puiſſe pas douter
que les gouttes d'eau dans leſquelles ſe font les réfractions & les
réflexions des rayons lumineux ne
ſoient à diverſes diſtances, qu'il
n'y ait des eſpèces de profondeur
dans les nuages & des élévations.
Mais ces inégalités ne diminuent

____

(a) *Voyez* les œuvres du P. André, tom.
4. diſcours ſur l'arc-en-ciel. Paris 1767.

rien à la précision de l'optique, les règles en restent toujours les mêmes : ne pouvant pas juger de la position exacte des corps qui sont à quelque éloignement, nous plaçons au même éloignement les corps dont nous ne pouvons pas à la simple vue déterminer la juste distance. Ainsi nous voyons les étoiles & les planètes sur un même plan ; nous rapprochons les corps les plus éloignés de ceux qui sont les plus près : ce sont les objets qui bornent l'horison visible, qui nous font appercevoir & placer sur le même plan d'autres objets qui en sont fort éloignés : c'est pour cela que nous voyons les nuages comme adhérans aux sommets des montagnes, qui bornent la vue du côté où nous les considérons.

Il en est de même par rapport à l'arc-en-ciel, comme nous ne le pouvons appercevoir que sous une distance déterminée de quarante-deux à quarante degrés, toutes ses parties nous paroissent nécessaire-

ment fur un plan uni & à une diftance égale. Quiconque aura obfervé avec attention l'arc-en-ciel de
Terni, & l'inégalité de la furface
fur laquelle il fe forme, ne doutera pas de ce que nous venons
d'avancer, dans les changemens
même de pofition qu'y occafionnent
les vents. Quand on en eft à une
diftance proportionnée, malgré l'i-
négalité d'épaiffeur du brouillard,
l'arc-en-ciel fe montre toujours le
même. Si on en eft trop près, les
couleurs fe mêlent, la forme paroît
irrégulière, on n'apperçoit plus
qu'une lumière indécife, qui cependant fatigue plus les yeux de
l'obfervateur, que les couleurs les
plus brillantes de l'arc-en-ciel lorfqu'il les voit bien formées.

Il arrive encore par un effet d'optique également néceffaire que fi
l'arc-en-ciel eft divifé obliquement
par une colline dont la diftance eft
fenfible, l'une de fes branches paroît plus éloignée que l'autre; &
c'eft la pofition de la colline qui

fait cette illusion : l'horison plus
découvert du côté qu'elle le laisse
libre, nous permet de porter les
yeux sur une plus grande étendue
dans le fond de laquelle nous
croyons voir une des branches de
l'arc-en-ciel, tandis que l'autre qui
est adossée à la colline qui rapproche
nécessairement les objets, en bor-
nant le rayon visuel nous semble
beaucoup plus voisine : mais c'est
une illusion d'optique qu'il est aisé
de concevoir, puisqu'on ne peut
appercevoir les deux branches de
l'arc-en-ciel que comme relatives
au même sommet, qui est toujours
à la hauteur de quarante-deux degrés. C'est encore par une suite de
la position des objets, & des effets
d'optique qui en résultent, que
l'arc-en ciel paroît plus large à sa
base qu'à son sommet, & que la
partie inférieure des branches de
l'arc, celle qui touche à la surface
de la terre, nous semble plus étendue & diminuer de largeur à mesure qu'elle s'élève. Les rayons lu-

mineux à cette position nous affectent davantage ; les corps obscurs
qui sont par derrière, leur donnent une étendue plus apparente,
qui n'est qu'une illusion réelle,
puisqu'il est démontré que la largeur du cercle coloré est par-tout
la même. Cette inégalité devient
encore plus frappante à mesure que
l'on s'approche du nuage ou du
brouillard sur lequel paroît l'iris.
C'est ce qui fait que quand on observe en même-tems deux arcs-en-
ciel concentriques, ils paroissent
plus éloignés l'un de l'autre à leur
sommet qu'aux extrémités de leurs
branches qui touchent la terre;
différence qui est toute dans l'illusion que fait la manière de voir
sur l'imagination du spectateur. La
preuve en est que le disque du soleil & celui de la lune nous paroissent plus grands lorsqu'ils sont
à l'horison, & qu'ils semblent diminuer de diamètre à proportion
qu'ils s'élèvent, quoiqu'ils aient
dans tous les instans la même éten-

due. Nous devons conclure de cette apparence habituelle que le cercle que décrit l'arc-en-ciel a les mêmes dimensions dans toute son étendue, & que s'il nous paroît plus large à son extrémité inférieure qu'à son sommet, c'est une erreur d'optique occasionnée par le milieu au travers duquel nous le voyons. De-là on peut juger encore pourquoi on ne voit qu'une partie du cercle, & qu'il semble rompu en plusieurs parties. Cela vient, ou de ce que le petit nuage, ou les globules d'eau sur lesquels se doivent réfracter & réfléchir les rayons de lumière sont interrompus, ou ne sont pas également répandus, ni modifiés de même ; ou de ce que les rayons du soleil sont arrêtés par quelque nuage, par des pointes de montagne, ou d'autres corps interposés. Les vents peuvent encore produire le même effet en agissant plus sur une partie du nuage que sur une autre. Je viens d'en avoir la preuve (le premier juillet 1770, à fix heures du foir); j'étois fur une hauteur, j'avois devant moi un nuage épais & fort noir fur lequel a paru pendant plus de dix minutes une partie de la branche gauche d'un arc-en-ciel avec fes couleurs les plus vives, fans qu'on en apperçût le moindre veftige de l'autre côté ni au fommet, la caufe de ce petit phénomène m'a paru être que la pluie tomboit épaiffe & forte du milieu du nuage & de fa partie droite, tandis qu'il n'y avoit qu'une bruine légère au côté gauche; j'étois affez près pour faire une obfervation exacte.

§. V.

Arc-en-ciel double.

Très-fouvent il paroît deux arcs à la fois renfermés l'un dans l'autre autour d'un même centre, féparés par un cercle d'ombre, & dont les couleurs font difpofées en ordre inverfe l'un de l'autre; beaucoup

plus vives dans l'arc intérieur que
dans l'extérieur qui est au-dessus.
Nous avons déja rendu compte de
la manière dont le célèbre Descartes
parvint à connoître comment le
second arc se formoit; nous ajouterons ici que les rayons lumineux
souffrant dans cette position deux
réfractions & deux réflexions, perdant à chacun de leurs passages de
l'eau dans l'air, & de l'air dans
l'eau une partie de leur éclat, ils
doivent nécessairement produire
une apparence moins éclatante,
des couleurs plus foibles que s'ils
n'éprouvoient qu'une seule réflexion. C'est sans doute la cause
pourquoi on ne voit pas toujours
deux arcs-en-ciel en même-tems.
Plus les rayons sont foibles, plus
la matière sur laquelle ils doivent
se réfléchir doit avoir de disposition à les seconder : ainsi un air
plus épais, une plus grande quantité de molécules aqueuses, doivent absorber la lumière qu'ils ren-
droient en d'autres circonstances,

& empêcher qu'ils ne reproduifent aucune fenfation qui puiffe nous affecter. C'eft encore pour ces raifons que le fecond arc ne fe montre quelquefois que fous l'apparence d'un cercle éclairé, dans lequel on ne diftingue aucune couleur. La feconde réflexion quant à nous n'a qu'un effet manqué, nous voyons où elle fe fait, & nous pouvons feulement juger des caufes qui empêchent qu'elle ne foit complette.

Ordinairement les couleurs du fecond arc-en-ciel font prefque toujours fi pâles qu'elles fe confondent avec la lumière dont l'atmofphère eft éclairée, & qu'on ne peut les diftinguer à moins que le fond de l'air ne foit très fombre. C'eft pour cette raifon qu'on ne voit que rarement deux iris bien colorées, & plus rarement encore trois ; car pour la formation de ce dernier arc-en-ciel, il faut néceffairement que les rayons de lumière fouffrent trois réflexions dans la goutte d'eau, & deux réfractions ; il faut que le

nuage dont la goutte d'eau fait
partie foit tout-à-fait obfcur & ne
réfléchiffe aucune lumière ; que le
foleil foit très-brillant derrière le
fpectateur, & qu'il darde fans obf-
tacle fes rayons fur le nuage qui
lui eft oppofé & d'où tombe la
pluie. C'eft ce qui arrive quelquefois dans ces momens de calme où
les vents impétueux qui avoient
excité un violent orage, s'appaifent
tout d'un coup. Si le fond de l'horifon eft encore couvert de nuées
épaiffes & en diffolution, & que
le foleil fe trouve au-deffous de la
hauteur de quarante-deux dégrés,
comme l'air eft alors auffi pur &
auffi léger qu'il puiffe être ; il eft
aifé de remarquer deux arcs-en-
ciel & même trois. M. Halley nous
apprend qu'il obferva en même-
tems trois iris en 1698, dont les
deux premières étoient telles qu'on
les voit ordinairement, & la troifième prefque auffi bien colorée &
auffi lumineufe que la feconde,
dans laquelle les couleurs étoient

disposées de même que dans la première : mais les deux branches de la troisième traversoient l'espace que laissoient entr'elles les deux autres : elle s'appuyoit sur les deux extrémités de la première, & coupoit la partie supérieure de la seconde. Ce phénomène singulier sera expliqué plus en détail dans les observations particulières que nous rapporterons dans peu.

De tout ce que nous avons déja dit sur l'arc-en-ciel, il s'ensuit 1°. qu'il est parfaitement circulaire dans toute sa bande colorée, & que sa largeur est par-tout la même; malgré quelques apparences contraires à cette vérité; parce que les degrés de réfrangibilité des rayons rouges & violets qui forment ses couleurs extrêmes sont toujours les mêmes, & que les bandes d'autres couleurs qui les séparent occupent un espace égal entr'elles : parce que les rayons de lumière propres à les produire, ou à nous en donner la sensation, tombant d'une même

manière fur une furface réfrangible
font différemment rompus : ce qui
caufe la diverfité des couleurs. On
fait que les rayons rouges fouffrent
moins de réfractions que les rayons
jaunes, ceux-ci moins que les bleus,
les bleus moins que les violets : ces
rayons devenus hétérogènes par
cette modification nouvelle fe féparent les uns des autres, & prennent différentes routes, tandis que
ceux qui font homogènes fe réuniffent & aboutiffent au même endroit. Ce n'eft donc que d'une certaine diftance, lorfque toutes les
bandes de l'arc-en-ciel peuvent être
vues fous des angles égaux, que
les couleurs paroîtront dans leur
ordre régulier, & la largeur de
l'arc bien égale ; fi on le voit de
trop près, on n'y diftingue plus rien
qu'un effet de lumière très-confus.
D'une diftance convenable les objets
vus comme au travers d'un cone,
paroiffent tous rangés dans un cercle à la plus grande furface de ce
cone, or telle eft la pofition de l'œil

du spectateur, il est au sommet de plusieurs cones formés par les différentes espèces de rayons efficaces, & la ligne d'aspect. Sur la surface de celui dont l'angle ou sommet est le plus grand sont les gouttes ou molécules aqueuses où se forment les rayons rouges ; les gouttes qui présentent le violet ou le pourpre sont à la superficie du cone qui forme le plus petit angle à son sommet ; entre les deux sont les bandes bleues, vertes, jaunes, orangées, qui paroissent dans autant de cones intermédiaires sous des angles de diverses largeurs qui aboutissent au même point. Ainsi se détermine la largeur exacte de toutes ces bandes concentriques qui composent l'arc-en-ciel.

2°. Ce phénomène ne peut être vu que dans la partie du ciel qui est directement opposée au soleil ; c'est-à-dire que pour le voir, il faut que le centre du soleil, celui de l'œil du spectateur, & celui de l'arc-en-ciel se rencontrent tous trois

trois en même-tems dans la même ligne droite, vis-à-vis d'une partie du ciel obscure dans laquelle il pleuve, ou dans laquelle il se trouve un nuage dont les parties intégrantes soient divisées, & dans le même mouvement que les gouttes d'une pluie fine dans le tems de leur chûte, ou agitées de même que les particules aqueuses qui forment les brouillards épais, tel que celui de la cascade de Terni. Dans cette position, comme le rideau que forment le nuage ou le brouillard s'étend jusqu'à la surface de la terre ; le spectateur placé dans la plaine verra que les deux extrémités de l'arc s'étendent jusqu'à son horison : mais de quelque façon qu'il apperçoive l'arc-en-ciel, les deux plans, celui du soleil & celui de l'arc-en-ciel, seront toujours parallèles, & la ligne droite ou centrale dans laquelle il se trouve sera toujours perpendiculaire à l'un & à l'autre.

3°. On ne voit bien l'arc-en ciel

Tome VII. M

que lorsque la masse d'air qui se
trouve en opposition avec le soleil
est chargée de vapeurs ou d'un
nuage assez épais pour qu'il ne
puisse renvoyer qu'une très-petite
quantité de lumière; si son éclat
étoit plus vif, il feroit trop d'impression sur l'œil du spectateur pour
lui permettre de distinguer les couleurs de l'iris. C'est pour cette raison qu'elles paroissent d'autant plus
vives que la partie de l'horison
opposée au soleil est plus sombre
& plus opaque : si elle devient plus
diaphane, les couleurs s'effacent
insensiblement, la lumière se répand davantage & l'arc disparoît;
c'est ce que prouve l'observation
suivante, faite à Hildesheim dans
la basse Saxe. Le 5 juillet 1700, le
tems fut très-beau jusqu'à deux
heures après midi, que s'étant levé
un vent d'ouest, le ciel se couvrit
bientôt de nuages, & environ une
heure après il tomba une pluie
abondante qui dura jusqu'à quatre
heures & demie. Les nuages les

plus épais s'étant dissipés du côté du couchant, le soleil reparut, & vis-à-vis à l'est il tomboit une pluie fine qui dura assez long-tems. On vit alors un très-bel arc-en-ciel avec ses couleurs ordinaires, il avoit la forme d'un demi-cercle régulier. Ce phénomène dura plus d'un quart-d'heure dans son éclat tant que cette petite pluie continua de tomber : mais lorsqu'elle eut cessé, que les nuages les plus épais se furent dissipés, les couleurs brillantes de l'iris s'effacèrent peu-à-peu, & on n'apperçut plus à la fin qu'une bande jaunâtre qui s'évanouit bientôt après (*a*).

4°. L'arc-en-ciel se montre d'ordinaire sous la forme d'un demi-cercle, quand le soleil est à l'horison, soit à son lever, soit à son coucher. Ce demi-cercle diminue de grandeur à mesure que le soleil

______

(*a*) Ephémer. des curieux de la nature, décurie 3. An. 1701 & 1702. Observ. 12.

s'élève, & il augmente à mesure
que cet astre s'abaisse, tellement
que si le spectateur a le tems de
monter sur quelque hauteur considérable, il verra l'arc s'agrandir
& s'approcher de la forme circulaire à proportion que le soleil s'a-
baissera, & que lui-même en avançant sur la montagne, s'élèvera
au-dessus de l'horison ; ainsi le
centre de l'arc-en-ciel, relativement à son apparence sur l'horison, est toujours proportionné à
celui du soleil, il diminue ou
augmente de hauteur à mesure que
le soleil monte ou descend, & la
ligne centrale que nous avons supposée aller du soleil à l'arc-en-ciel
par l'œil du spectateur, est une
barre inflexible dont les mouvemens & la position sont dirigés
par ceux du soleil.

5°. Lorsque l'arc-en-ciel est perpendiculaire à l'horison ; s'il est
incliné, relativement à sa hauteur,
il fait un angle obtus du côté de
l'observateur, s'il est plus abaissé

que le demi-cercle, & un angle
aigu s'il est plus haut, ce qui est
toujours réglé par la ligne droite
du soleil à l'arc, qu'il faut sans
cesse avoir présente à l'idée. Et si
quelquefois on voit les branches
de l'arc-en-ciel posées à la surface
de la terre, si d'autres fois elles
paroissent suspendues dans l'air avec
le nuage, c'est parce qu'on n'observe
les apparences de l'iris que dans
l'endroit où il pleut; mais si le
nuage est assez étendu pour occuper un espace plus grand que la
portion visible du cercle, & que
les parties intégrantes soient modifiées de la manière que nous avons
établi qu'elles doivent l'être, on
verra un arc-en-ciel qui ira jusqu'à
terre; s'il y a des interruptions, si
les gouttes de pluie sont trop épaisses, tombent trop précipitamment,
ou il n'y aura point d'arc-en-ciel,
ou l'on n'en verra que des parties
séparées les unes des autres, dans
quelques intervalles où la pluie est
moins forte, quoique le nuage soit

auſſi obſcur , & en apparence auſſi
épais. Mais quelque portion de
cercle que l'arc-en-ciel décrive, il
répond toûjours au plus ou moins
d'étendue de la ſurface du cône
qui eſt au-deſſus de celle de la
terre, quand il paroît, dont la
hauteur augmente ou diminue ſuivant que la ligne d'aſpect eſt plus
ou moins inclinée à l'horiſon, ce
qui dépend de l'élévation actuelle
du ſoleil.

6°. Ainſi la hauteur de l'arc-en-
ciel lorſqu'il forme un demi-cercle
répond à un arc d'environ quarante-
deux degrés, d'où il s'enſuit que
cet arc eſt la meſure de l'angle que
fait la ligne centrale au ſortir de
l'œil, avec tous les rayons viſuels
qui aboutiſſent à la plus grande
circonférence de l'iris ; & dès-lors
ſi le ſoleil eſt de plus de quarante-
deux degrés au-deſſus de l'horiſon,
on ne verra plus d'arc-en-ciel. Lors
donc que cet aſtre parcourt les ſignes
méridionaux, c'eſt-à-dire de l'é-
quinoxe d'automne à celui du prin-

tems, il n'y a aucune heure dans le jour à laquelle, tant que le soleil est sur l'horison, on ne puisse voir l'arc-en-ciel : au contraire lors-qu'il parcourt les signes septentrio-naux, sa hauteur dans la plus grande partie du jour étant au-dessus de quarante-deux degrés, il ne peut se former d'iris. Quant à la distance de l'œil au plan de l'arc-en-ciel, elle ne peut guère excéder un mille d'Italie, ou environ mille pas géométriques, hauteur ordinaire des nuages, ainsi que l'a très-bien établi le jésuite Riccioli, savant astronome italien ; comme nous l'avons rapporté dans le tome cin-quième de cette histoire, discours huitième, §. 19, lorsqu'il a été question de déterminer la hauteur relative des nuages.

7°. Comme on ne peut voir l'arc-en-ciel que sous les mêmes angles, il doit paroître devancer ceux qui le suivent, & suivre ceux qui s'en éloignent, tant que le soleil sur l'horison envoie ses rayons sur une

surface disposée à rendre les mêmes apparences : alors on s'apper-
cevra qu'à mesure qu'on s'éloigne
du nuage sur lequel l'iris est formée., la base du cône , ou la largeur du cercle devient plus étendue ; qu'au contraire ses extrémités se rapprochent à mesure qu'on
avance vers la partie du ciel où paroît l'iris. Sa situation apparente est
donc très-certainement relative à
l'axe de vision de chaque observateur ; car si on remarque les corps
sur lesquels l'arc-en-ciel paroît appuyé , & si on change de place, on
en voit l'axe dans une situation
différente respectivement à ces
mêmes corps. Ainsi deux personnes
ne voient pas exactement le même
arc-en-ciel , & il n'est pas étonnant
que quoiqu'elles considèrent le
même phénomène dans le même
tems & à une distance médiocre
l'une de l'autre , elle le voient avec
des accidens variés ; ce qui ne doit
jetter aucun doute sur la vérité de
leurs rapports , si d'ailleurs elles

font capables de bien obferver.

Cependant, malgré ce que nous avons dit plus haut n. 6, fur le tems auquel fe forment les arcs-en-ciel, il eft probable qu'on peut le voir, mais renverfé, lorfque le foleil eft à plus de quarante-deux degrés de hauteur fur l'horifon. Plaçons le fpectateur fur une haute montagne entre le foleil au-deffus de lui, & une nuée épaiffe au-deffous, dont la partie inférieure feulement feroit modifiée de façon à réfléchir les rayons lumineux qui la frapperoient, avec les couleurs de l'iris ; alors la ligne centrale fuppofée toujours la même du foleil à ce nuage, par l'œil du fpectateur, aboutiroit fur un demi-cercle renverfé, ou une moitié de couronne dont toute la partie fupérieure feroit effacée. Nous parlerons dans la fuite de cette modification fingulière de la lumière.

On voit de même un arc renverfé fi les rayons du foleil venant à tomber fur la furface d'un lac

dont les eaux font tranquilles, vont
fe réfléchir fur un brouillard ou fur
un nuage à pluie qui fe trouve à
une diftance convenable. On conçoit que les couleurs en font plus
foibles que celles de l'arc-en-ciel
ordinaire ; parce que, comme dans
le fecond arc-en-ciel dont nous
avons parlé plus haut, elles ne font
que l'effet de la première réflexion
des rayons lumineux qui fe fait fur
la furface du lac, alors le fpectateur doit être placé fur le lac entre
l'image du foleil qui en eft vivement réfléchie, & le nuage fur lequel paroît l'arc-en-ciel.

On voit encore fous un ciel fort
ferein, & fans aucune obfcurité
apparente dans l'air, un arc renverfé fe former le matin fur les
prairies humectées d'une rofée abondante, ou d'une pluie légère qui a
laiffé les herbes chargées d'une multitude de petites gouttes d'eau.
Comme la force de l'évaporation
excite un mouvement de fermentation dans toute cette matière

aqueufe, elle fe divife en parties
prefque infenfibles, qui s'élèvent
à quelque hauteur, & produifent
un brouillard léger : la partie inférieure du cône que forme la lumière venant à aboutir fur toutes
ces gouttes, y fait paroître une iris
quelquefois très-brillante qui femble renverfée, & dont les deux
branches ne décrivent avec le centre qu'un angle fort obtus qui fe
rétrécit, & dont les couleurs s'é-
teignent à mefure que le foleil s'é-
lève & que l'humidité de la prairie
fe diffipe. Ce phénomène eft plus
rare que l'arc-en-ciel ordinaire,
mais il eft peint des couleurs les
plus éclatantes.

On peut dire la même chofe de ces
météores légers, qui brillent des
couleurs les plus vives, & fe forment
fur les gouttes d'eau de mer, que le
vent emporte comme une pluie fort
menue, comme une pouffière fine,
telle que nous l'avons décrite, en
parlant de la cafcade de Terni,
lorfque deux vagues fe brifent en

M vj

se choquant. Si l'on regarde ces
iris momentanées d'un lieu élevé,
comme du deſſus d'un cap, ou feulement du haut des mâts, elles
paroiſſent renverſées ; & ſi dans
le même tems, comme on l'a obſervé quelquefois, un nuage qui
paſſe au-deſſus ſe réſout en pluie
fine, il ſe forme une ſeconde iris
dont les extrémités paroiſſent ſe
réunir avec celles de l'iris renver-
ſée, & l'on voit pendant un moment un cercle peint des mêmes
couleurs. Cet arc-en-ciel marin ne
paroît que lorſque la mer eſt extrêmement tourmentée, & que le vent
agitant la ſuperficie des vagues qu'il
diviſe en parties très-atténuées, fait
que les rayons du ſoleil qui tombent deſſus s'y rompent & y produiſent les mêmes couleurs que
dans les gouttes de pluie légères
qui ſortent des nuages ; mais les
couleurs y ſont moins vives, moins
diſtinctes, & durent moins que
celles de l'arc-en-ciel ordinaire, &
on n'y diſtingue qu'avec peine plus

de deux couleurs, favoir le jaune du côté du foleil, & un verd pâle du côté oppofé. Ces arcs font nombreux, on en voit fouvent vingt ou trente à la fois : ils paroiffent autant à midi qu'à toute autre heure du jour, & toujours renverfés. Il eft fenfible qu'ils font l'effet de l'image du foleil réfléchie fur une onde très-agitée, & qui produit autant d'apparences fimultanées que l'on peut appercevoir en même tems de faifceaux de molécules aqueufes ou de petits brouillards, qui s'élèvent d'efpace en efpace, au-deffus des flots qui fe heurtent & fe brifent avec le plus de violence.

Il eft poffible encore de voir l'arc-en-ciel, même après que le foleil eft couché : voici ce qu'en rapporte Muffenbroek, §. 2445. Edwards nous a donné la defcription d'une iris finguliére qu'il obferva le 5 Juin 1757. Le foleil étant déja couché, le ciel parut fombre, & couvert de nuages vers la partie du ciel qui eft au couchant d'été. Sur ce côté obfcur oppofé au foleil, paroiffoit un arc plus élevé qu'on n'a coutume d'en voir au-deſſus de l'horiſon : il formoit une demie-circonférence, ſes branches n'atteignoient point la ſurface de la terre ; mais il étoit orné des mêmes couleurs que les iris ordinaires, quoiqu'elles fuſſent moins vives. A meſure que le ſoleil s'abaiſſoit ſous l'horiſon, cet arc s'élevoit par degrés, ce qui continua de même juſqu'à ce qu'il diſparut. Il n'étoit point tombé de pluie pendant l'après-midi de ce jour, & on n'en voyoit aucune apparence dans toute l'étendue de l'horiſon ; de ſorte que cet arc-en-ciel fut formé ſeulement ſur des vapeurs aëriennes, par les rayons du ſoleil qui s'y réfléchiſſoient.

Les obſervations faites ſur l'arc-en-ciel de la caſcade de Terni, & ſur la cataracte du fleuve de ſaint Laurent, doivent donner une idée de la manière dont le nuage leger étoit modifié, & dont les vapeurs aëriennes peuvent l'être fort ſouvent. Toutes les molécules aqueu-

fes qui compofent ces corps legers
qui flottent dans l'atmofphère, font
alors dans un mouvement qui les
tient féparées les unes des autres,
tel qu'eft celui de la pluie fine ; &
dès-lors elles font également propres à réfracter & à réfléchir les
rayons lumineux qui viennent les
frapper. Ce qu'il y a de fingulier
dans l'obfervation d'Edwards, c'eft
que l'arc coloré dont il parle, ne
parut qu'après le coucher du foleil,
& dura affez long-tems : ce qui fuppofe qu'il étoit à une très-grande
élévation, & que le nuage fur lequel il étoit peint continua d'être
modifié de même tout le tems qu'il
put recevoir les rayons du foleil.
Ne peut-on pas encore concevoir
comment l'action du foleil dans
cette faifon eft capable de conferver cette modification & ce mouvement dans les vapeurs aqueufes
qui fe trouvent réunies à une certaine hauteur ?

    La matière aërienne peut encore
être modifiée de façon qu'il fe for-

me des météores qui repréſentent non - ſeulement des arcs-en-ciel, mais des cercles complets, colorés comme l'iris, tels qu'on les verroit ſi l'on ſe trouvoit dans une poſition aſſez élevée pour porter ſa vue bien au-delà de la partie de l'horiſon ſur laquelle l'arc-en-ciel paroît appuyé. On en peut juger par le phénomène ſuivant. Le 7 Juin 1728, on obſerva depuis dix heures du matin juſqu'à midi un cercle de lumière qui avoit le ſoleil pour centre ; c'étoit une eſpèce d'arc-en-ciel dont les couleurs, à les prendre de la circonférence extérieure du cercle, étoient dans cet ordre ; un rouge très-foible, un jaune lavé, un verd terminé par un cercle blanc : à midi le dedans du cercle paſſa par le zénith, & comme le ſoleil étoit alors élevé ſur l'horiſon de 69 degrés, 29 minutes, le rayon du cercle qui l'environnoit devoit être de 20 degrés, 31 minutes. Le ſoleil étoit ce jour-là couvert de vapeurs, (*mém. de l'ac. des ſciences, an. 1729, hiſt. pag. 2.)*

ce qui empêcha sans doute que les couleurs de cette iris complette ne paruffent dans tout leur brillant, c'eft que le fond fur lequel les rayons du foleil fe réfléchiffoient n'étoit pas affez obfcur, & que les rayons avoient peu d'éclat & de force, l'air étant rempli de vapeurs fenfibles.

§. VI.

Obfervations particulières fur quelques Arcs-en-ciel remarquables.

Quelques obfervations que nous allons rapporter, tirées des fources les plus certaines, jetteront un nouveau jour fur la théorie du météore dont nous écrivons l'hiftoire : nous nous arrêterons de préférence à celles qui auront le plus de fingularités à nous offrir. L'arc-en-ciel paffoit chez les anciens pour un des effets les plus inexplicables de la nature. Le peu de conjectures qu'ils ont formées à ce fujet, eft fi éloigné des découvertes faites dans le

treizième siecle par Albert le Grand
& Vitellion, continuées depuis par
Descartes, Gassendi, & Neuton,
que nous ne nous y arrêterons plus.
Les nouvelles expériences faites à
la suite de ces découvertes, rendent ce phénomène aussi facile à
concevoir, que les explications que
ces illustres modernes en ont données sont lumineuses & précises.

L'arc-en-ciel singulier dont nous
allons parler, fut observé le 8 Août
1743, entre six & sept heures du
soir par M. Celsius, Professeur
d'Astronomie à Upsal, dans la paroisse de Husbi, dans la partie méridionale de la Dalécarlie, entre
les villes de Fahlun & de Hedmora,
sur la rive gauche de la Dale, rivière d'où la province tire son nom,
& qui sort de la chaîne de montagnes qui séparent la Suéde de la
Norvége à peu près au soixantième
degré de latitude. Voici ce qui en
est rapporté dans les Mémoires de
l'Académie Royale des Sciences,
an. 1743, pag. 35. « Imaginez un

»arc-en-ciel ordinaire dont les
» deux branches aussi distinctes &
» aussi colorées que son sommet
» appuyent sur l'horison ; ce sera,
» comme on peut le juger par la
» hauteur que le soleil devoit avoir
» alors au lieu de l'observation, un
» arc beaucoup moindre que le de-
» mi-cercle, accompagné de son se-
» cond, de cet arc extérieur & con-
» centrique, qui paroît souvent en
» même tems, teint des mêmes cou-
» leurs, quoique un peu moins vi-
» ves que celles du premier ou prin-
» cipal, & toujours en ordre inver-
» se. » Ce n'est encore-là que ce que
l'on a coutume de voir. Mais si d'un
point pris comme centre sur la flè-
che du premier arc, & autant au-
dessus de l'horison que le centre de
cet arc est au-dessous, vous décri-
vez un cercle ou troisième arc qui
parte de l'horison & des mêmes
points que le premier; de manière
que, s'ouvrant de-là, & s'élevant
au-dessus des deux autres, il coupe
le second à droite & à gauche, &

vienne se former en ceintre au-dessus du second, vous aurez le phénomène de M. Celsius. Remarquons
encore avec lui que la distance du
sommet de cet arc excentrique,
plus grand que le demi-cercle, étoit
la même au-dessus du sommet du
second, que la distance du second
au premier; que ses couleurs à-peu-
près aussi vives dans tout son limbe
que celles du second, devenoient
blanchâtres, indécises & confuses
au point d'intersection avec le second, & sur l'horison avec le premier, qu'il ne dura tout au plus
qu'un quart-d'heure. M. Celsius ne
nous dit pas si les deux autres sub-
sistèrent plus long-tems, ce qui
pourroit cependant être ici de quelque conséquence; mais il ajoute
qu'il n'eut pas plutôt apperçu ce
phénomène, qu'il se saisit du premier instrument qui se présenta
sous sa main, pour prendre la hauteur du soleil, & qu'il la trouva de
onze degrés trente minutes. Ainsi
l'on pouvoit, continue-t-il, regar-

der ce troisième arc comme un arc-
en-ciel ordinaire formé par les rayons
d'un second soleil supposé à onze
degrés trente minutes sous l'horison ; car, ainsi que nous l'avons
établi plus haut, le centre des arcs-
en-ciel ordinaires se trouve toujours
sur un axe commun avec l'œil du
spectateur & le soleil qui est à l'op-
posite.

Les arcs-en-ciel excentriques sont
donc très-rares, nous ne sçavons
pas qu'on en ait observé plus de
deux ou trois depuis près d'un siecle, encore n'y en a-t-il qu'un dans
ce petit nombre qui soit entier, &
qu'on puisse comparer à celui dont
nous venons de parler : rappro-
chons-les l'un de l'autre, & cher-
chons la cause vraisemblable de leur
génération.

On lit dans les transactions philosophiques que M. Halley étant à
Chester en 1698, y observa le 17
Août entre six & sept heures du
soir, un arc-en-ciel, en tout le
même que celui de M. Celsius,

excepté que l'excentricité du troisième arc étoit beaucoup moindre,
son sommet ne faisant que se confondre avec le limbe & le sommet
du second arc. D'où peut venir cette
excentricité qui semble sortir de la
théorie connue ? M. Halley trouve
la cause de cet arc excentrique,
dans la réflexion des rayons du soleil, qui tomboient sur la rivière
de Dée, qui passe à Chester.

De même dans l'observation de
M. Celsius, il est certain que les
rayons du soleil tomboient alors
sur la rivière de Dale, qui, selon
la position donnée & l'heure du
phénomène, devoit se trouver entre le soleil & l'observateur. Sup-
posons-la tranquille, & n'oublions
pas le second soleil que M. Celsius
imagine être autant au-dessous de
l'horison que le véritable étoit au-
dessus, & on va voir que tout s'ac-
corde avec l'hypotèse & les deux
observations. Si du centre de l'arc
excentrique qui coupe le double
arc-en-ciel de M. Celsius, on mène

une ligne droite au point réfléchiffant de l'eau , & qu'on prolonge
cette même ligne fous l'horifon
vers le ciel inférieur, il eft évident
par l'égalité des angles de réflexion
& d'incidence , qu'elle ira rencontrer le foleil fictice que nous y
avons placé , & que ce troifième
arc feroit précifément le même dans
l'un & dans l'autre cas à quelque
dégradation de couleurs près , que
celui qui eft réfléchi par l'eau. De
plus , le jour de l'obfervation de
M. Halley , à la même heure du
foir, donne le vrai foleil moins
haut fur l'horifon , & le foleil fictice moins bas au-deffous que l'obfervation de M. Celfius , non-feulement parce que la déclinaifon feptentrionale du foleil étoit moins
grande le 17 Août que le 8 du même mois , mais encore parce que
la latitude de Chefter eft moins
avancée d'environ fept degrés, que
celle des parties les moins feptentrionales de la Dalécarlie, Or ,
comme on l'a prouvé , l'arc-en-ciel

ordinaire doit être vu d'autant plus
bas & plus petit, que le soleil réel
est plus élevé sur l'horison, & par
l'inverse, notre troisième arc doit
être vû d'autant plus haut & plus
grand que les rayons du soleil imaginaire, ou ce qui revient au même, ceux réfléchis par la surface
de l'eau partent de plus bas & forment un plus grand angle avec l'horisontal; c'est pour cela que le troisième arc de M. Halley a dû être
vû moins haut & plus petit que
celui de M. Celsius, & l'un & l'autre ont dû paroître tels que ces observateurs les représentent.

Le second renversement des couleurs dans ce troisième arc où elles
sont rangées dans le même ordre
que dans le premier, ne sera pas
moins une suite nécessaire de cette
génération : les couleurs y seront
aussi plus lavées, & telles qu'on les
y voyoit en effet, ayant souffert
une dissipation de lumière de plus
par la réflexion, comme celles du
second arc auquel M. Celsius les a
comparées.   La

La premiere idée de cette production des arcs excentriques semble être dûe à M. Etienne, Chanoine de Chartres, qui, après avoir décrit un arc-en-ciel ainsi coupé par une espèce de chevron rompu & circulaire, de même nature & plus foible en couleur que l'arc-en-ciel primitif, remarque que, lorsqu'il fit son observation, la rivière d'Eure, qui passe à Chartres, dont le cours est du midi au nord, se trouvoit entre lui & l'iris, à son niveau, environ à cent cinquante pas au-delà. Cette observation, faite le 10 Août 1665 à six heures & demie du soir, fut insérée l'année suivante dans le journal des Sçavans, & les transactions philosophiques.

Il suit de ce que nous venons de rapporter & de l'hypothèse si elle est conforme aux loix de la nature, qu'on pourroit se procurer assez souvent la vûe du phénomène observé par M. Celsius, en se plaçant comme il convient pour le faire naître, ou pour le voir, dans les circonstances favorables d'un arc-en-ciel marqué, d'un soleil brillant & d'une eau tranquille. Il paroît d'ailleurs assez indifférent qu'on se place entre le soleil & le point réfléchissant de l'eau, ou entre ce point & l'arc-en-ciel, puisqu'on vient de voir par l'observation de M. Etienne, & par celle de M. Celsius, que le phénomène a lieu dans l'une & l'autre position. M. Halley, supposé du même côté que la ville de Chester, étoit dans le cas de M. Celsius, se trouvant de même vers le couchant entre la rivière & le soleil ; si on en juge par l'évènement, c'est la circonstance la plus favorable pour l'observateur. » Nous n'ajouterons rien à cette observation exposée d'une maniere si lumineuse, & qui est rendue plus sensible encore par différens phénomènes de cette espèce dont nous avons parlé dans la section précédente.

§. VII.

Variétés de l'arc-en-ciel.

Comme l'arc-en-ciel est un phénomène très-commun, lorsqu'il en paroît, on s'attache rarement à l'observer avec des yeux philosophiques. Cependant une attention réfléchie y feroit trouver plusieurs variétés dignes de remarque, & dont les observations réunies conduiroient à donner des explications satisfaisantes de plusieurs de ces singularités. Il y en a quelques-unes dont la cause n'est pas difficile à reconnoître ; telles que sont celles que produisent les vents, qui changent souvent la courbure de l'arc, & la position de son centre ; soit par leur action sur le nuage où il paroît, soit parce qu'ils changent la forme ordinaire des gouttes d'eau.

Ainsi les arcs-en-ciel ne sont pas toujours semblables entr'eux, ils paroissent quelquefois plus larges & entourés d'un plus grand nombre de cercles colorés. Langwith en a observé plusieurs en Angleterre de cette espece, parmi lesquels il en vit un dans lequel il remarqua 1°. le rouge, l'orangé, le jaune, le verd, le bleu pâle, le bleu foncé, le pourpre : ces couleurs étoient suivies ; 2°. le verd clair, le verd foncé, le bleu ; 3°. une bande verte & pourprée ; 4°. une autre bande verte & légérement pourprée.

En 1748 Duval vit une iris principale, brillante de ses couleurs ordinaires, à laquelle étoient joints en même tems d'autres arcs colorés. 1°. Un arc verd tirant sur le jaune, un arc d'un verd plus foncé, & un pourpré ; 2°. un arc verd avec un arc pourpré ; 3°. un arc pourpré & un tirant sur le verd qui se succédoient l'un à l'autre.

Mussenbroek (§. 2438) dit qu'il observa dans le mois de juin 1751, l'après-midi, deux arcs-en-ciel ;

l'extérieur ou celui que l'on appelle secondaire, ne préfentoit rien d'extraordinaire. Le principal ou l'intérieur avoit fes couleurs liées enfemble & contiguës fans être féparées par aucun intervalle, elles étoient extrêmement foncées & difpofées dans l'ordre qui fuit : rouge, orangé, jaune, verd, bleu, pourpre & violet; enfuite une autre zone formée de verd, bleu, pourpre & violet. Le 11 feptembre 1755, il obferva deux iris, une principale & une fecondaire; les couleurs de la première étoient dans cet ordre : 1°. rouge, orangé, jaune, verd, bleu, pourpre, violet : 2°. verd, pourpre : 3°. verd, pourpre, pâle; toutes ces couleurs étoient difpofées felon des arcs concentriques adhérens les uns aux autres; de forte que cette iris principale étoit beaucoup plus large que celles que l'on voit communément.

On lit dans les mémoires de l'académie des fciences, (*année* 1757) que l'on obferva à Paris, quelque tems

avant le coucher du soleil, sur le quai
des Tuilleries en allant au Pont-
Royal, l'extrémité d'un arc-en-ciel
vers l'orient d'été qui étoit remarquable, en ce qu'après le violet, il
y avoit un petit espace sans couleur de la largeur du verd & du
bleu pris ensemble ; ensuite il paroissoit une zone verte très-sensi-
ble, aussi colorée que le verd de
l'arc.

Le 18 novembre 1756 sur les
dix heures du matin, on vit à Paris un arc-en-ciel double tel qu'il
paroît ordinairement ; mais les couleurs de l'arc intérieur n'avoient
pas autant de vivacité qu'elles ont
coutume d'en avoir : après le bleu
on ne distinguoit presque point le
violet, que l'éclat des nuées obs-
curcissoit sans doute. Mais on voyoit
très - distinctement deux autres
grands arcs au-dessous l'un de l'autre, dont le premier touchoit immédiatement au violet de l'arc intérieur : ils étoient bleus, & de
la même vivacité qu'étoit celle du

bleu de l'arc intérieur. L'espace dans lequel ils étoient renfermés étoit à peu près de la même étendue que l'arc intérieur.

M. Bouguer a vu plusieurs fois ce météore se présenter sous les mêmes apparences, sur la Cordillère du Pérou, où le ciel est quelquefois de la plus grande sérénité : » il m'a toujours paru, dit-il, qu'il » falloit que cette condition fût » remplie du côté du soleil, & qu'il » étoit encore plus nécessaire que » le ciel fût tout-à-fait obscur du » côté opposé. Les couleurs du se- » cond arc étoient dans le même » ordre que celui du premier, & » le rouge du second étoit bien sé- » paré du violet de l'autre; de sorte » que ces deux arcs étoient mieux » distingués que lorsqu'ils ont été » depuis observés par M. Lang- » with. » M. Bouguer croyoit mê- me avoir encore apperçu quelques legers vestiges d'un troisième arc qui étoit immédiatement en - de- dans du second. Il seroit important de favoir fi l'habile obfervateur vit ce météore avec les fingularités qui le diftinguent des autres, fans changer de place, & toujours fous le même angle.

La raifon de ces phénomènes, eft que les rayons qui partent du foleil ne font point parallèles comme dans les iris ordinaires, mais qu'ils font un peu convergens, parce qu'ils paffent entre les efpaces de quelques nuages legers, qui fe trouvent dans la ligne qu'ils décrivent du foleil à la furface obfcure fur laquelle ils fe réfléchiffent. Alors la réfraction & la réflexion ne fe faifant plus par des intervalles égaux, il fe trouve néceffairement un efpace entre les deux bandes colorées de l'iris : ou les rayons étant affoiblis par leur paffage dans les nuages, ils ne fe réfractent & ne fe réfléchiffent plus de manière à produire des couleurs auffi vives & auffi variées que celles de l'arc-en-ciel ordinaire ; ce qui fait que le fpectateur voit en même tems tou-

tes ces variétés, c'est que les rayons
partant du commencement de la
ligne droite ou centrale qui va du
soleil au nuage par l'œil du spectateur, ils aboutissent à l'autre extrémité de cette même ligne, mais
plus affoiblis.

Ces arcs colorés, qui paroissent
adhérens à la partie inférieure de
l'iris principale, n'ont pas coutume
d'occuper une grande partie de l'espace renfermé entre les deux branches de l'iris ; ce qui vient, suivant Mussenbroek, (§. 2439) de
ce que lorsque les gouttes d'eau
sont un peu descendues, elles ne
sont plus alors frappées par des
rayons convergens du soleil, mais
par des rayons parallèles qui ne
sont pas propres à occasionner des
singularités dans le phénomène.
Dans ce cas ces rayons ne peuvent
produire qu'une iris ordinaire, savoir celle que nous regardons comme principale : mais n'est-il pas
aussi vraisemblable que les gouttes
d'eau, changeant de modification,

ne font plus propres à donner les mêmes apparences ; & que, lorf- que s'étant réunies dans le mouvement de leur chute, elles font devenues plus groffes, & tombent dans une direction perpendiculaire, elles n'ont plus cette agitation irrégulière, en tout fens, que nous avons reconnu être l'état le plus propre à produire les arcs-en-ciel les mieux colorés & les plus réguliers. Ajoutons encore que les différens milieux que les rayons folaires ont à traverfer & qui varient fuivant les climats & les vifciffitudes de l'atmofphère, doivent occafionner une multitude de variétés dans le même phénomène. Car il n'eft pas douteux que fes teintes diffèrent beaucoup d'une région à l'autre ; qu'elles ne font pas les mêmes dans les terres polaires que fous la zone torride ; mais qu'un obfervateur, qui auroit fait fes remarques dans ces deux climats oppofés, pourroit dans la zone tempérée retrouver en différens tems

les mêmes accidens qu'il auroit observé dans les régions extrêmes. On
en pourra juger par les deux exemples que nous en allons donner.

M. l'abbé Outhier étant à Pello
dans la Laponie Suédoise le 28
juillet 1736 à soixante-six degrés
de latitude boréale, observa trois
arcs-en-ciel à la fois : il étoit à un
demi-degré du cercle polaire sur
une montagne, ayant un lac derrière lui, circonstances essentielles
& qu'il ne faut pas oublier. Il me-
sura la hauteur des trois arcs-en-
ciel, c'est-à-dire la distance de leurs
sommets au plan de l'horison. Il
trouva celle du premier de vingt-
quatre degrés, celle du second de
trente-cinq, & celle du troisième
de quarante-quatre. Les deux premiers n'avoient rien d'extraordinaire quant à leur position ; ils
étoient concentriques ; ils avoient
les mêmes couleurs, mais rangées
en sens contraire, comme elles devoient l'être, & ce n'étoient que
des arcs plus petits qu'un demi-

cercle ; ce qui devoit être ainsi, puisque le soleil à sept heures & demie du soir, devoit être encore à peu près à seize degrés de hauteur sur l'horison, dans une latitude où le 18 de juillet le jour est d'environ vingt-trois heures.

Le troisième arc-en-ciel est le seul extraordinaire ; il étoit beaucoup plus grand qu'un demi-cercle, quoique le soleil fût encore assez haut sur l'horison ; il prenoit son origine aux deux extrémités de la ligne horisontale qui soutenoit le premier, & il coupoit le second en deux points opposés à la hauteur d'environ vingt-quatre degrés. Les couleurs étoient dans le même ordre que celles du premier, le violet au-dessous, le jaune au-dessus, le verd entre deux. C'est ainsi que M. l'abbé Outhier place les couleurs ; il ne parle point des trois intermédiaires, non plus que de la bande rouge éclatante qui devoit terminer l'arc par le haut ; c'est à la bande la plus basse qu'il a pris les mesures des arcs, sans avoir égard à l'épaisseur de la bande colorée.

Par les principes que nous avons posés plus haut, il est évident que les rayons directs du soleil ne peuvent avoir été la cause du troisième arc-en-ciel qui étoit plus grand qu'un demi-cercle. Mais l'observateur étoit sur une montagne, ayant un lac derrière lui : les rayons du soleil venoient donc peindre son image sur la surface de ce lac comme dans un miroir, ils en étoient réfléchis par-dessus la montagne & par le côté, vers le nuage qui se résolvoit en pluie, & devoient par conséquent produire un effet semblable à celui des rayons directs du soleil s'il eût été dans l'horison ou tant soit peu au-dessous.

Ce phénomène est rare, & mérite qu'on y fasse une attention particulière. On demandoit autrefois pourquoi il ne paroissoit jamais plus de deux arcs-en-ciel en même tems. Descartes, dans son discours sur les météores (c. 8, art. 14.) a reconnu la possibilité d'un troisième arc , sur ce qu'on lui avoit dit qu'on l'avoit quelquefois observé ; il a même expliqué comment il pouvoit se former : mais comme il supposoit ces trois arcs concentriques , & à une égale distance les uns des autres , conformément aux principes qu'il avoit puisés dans ses expériences , le phénomène observé par M. Outhier conserve tout le piquant de sa nouveauté & de sa singularité ; car il n'est pas le même que ceux vûs par M. Halley & Celsius ; il diffère dans ses causes & dans ses accidens, ainsi qu'on peut s'en convaincre, en comparant les rapports qui en ont été faits avec celui-ci.

Si des terres polaires nous passons sous l'équateur , nous verrons ce même météore paroître sous une forme variée, & qui ne mérite pas moins d'attention : peut - être ne regardera-t-on pas le phénomène

dont nous allons parler comme un
arc-en-ciel proprement dit ; cependant il y a tant de rapport, il eft
produit par des caufes fi femblables, que nous nous croyons bien
fondés à le regarder comme un arc-
en-ciel local d'une efpèce particulière. Voici le récit qu'en ont fait
deux habiles aftronomes, M. Bouguer de l'académie royale des fciences, & M. d'Ulloa Officier des
vaiffeaux du roi d'Efpagne, tous
deux envoyés pour mefurer la grandeur du degré fous l'équateur.

Ils étoient fur la montagne de
Pambamarca, l'une des plus élevées des Andes. » Un matin au
» point du jour, les rayons du fo-
» leil venant à diffiper un nuage
» épais dont toute cette montagne
» étoit enveloppée, & ne laiffant
» que de légères vapeurs que la
» vue ne pouvoit difcerner, nous
» apperçumes du côté oppofé au
» lever du foleil à neuf ou dix toi-
» fes de nous, une forte de mi-
» roir où la figure de chacun de

» nous étoit représentée , & dont
» l'extrémité supérieure étoit en-
» tourée de trois arcs-en-ciel. Ils
» paroissoient tous trois au même
» centre , & les couleurs extérieu-
» res de l'un touchoient aux cou-
» leurs intérieures du suivant. Hors
» des trois on en voyoit un qua-
» trième à quelque distance , mais
» de couleur blanchâtre ; tous les
» quatre étoient perpendiculaires à
» l'horison. Nous étions six ou sept
» personnes ensemble ; lorsqu'un
» de nous alloit d'un côté ou de
» l'autre , le phénomène le suivoit
» sans se déranger , c'est-à-dire
» exactement & dans la même po-
» sition ; & ce qui surprit encore
» plus , chacun le voyoit pour soi
» & ne l'appercevoit point pour les
» autres. La grandeur du diamètre
» de ces arcs varioit successivement,
» à mesure que le soleil s'élevoit
» sur l'horison ; en même tems les
» couleurs disparoissoient , & l'i-
» mage de chaque corps diminuant
» par degrés , le phénomène ne fut

» pas long-tems à s'évanouir. »

» Le diamètre de l'arc intérieur
» pris à la dernière couleur étoit
» d'abord d'environ cinq degrés &
» demi ; celui du second de onze,
» du troisième de dix-sept, & ce-
» lui de l'arc blanchâtre séparé des
» autres de soixante - sept degrés.
» Lorsque le phénomène avoit com-
» mencé, les arcs avoient paru de
» figure elliptique , comme le dis-
» que du soleil semble l'être lors-
» qu'il se leve ; ensuite & peu à
» peu , ils devinrent parfaitement
» circulaires. Chaque petit arc étoit
» d'abord rouge ou incarnat ; à
» cette couleur l'orangé succéda,
» à celle-ci le jaune , ensuite le
» jonquille , & enfin le verd , la
» couleur extérieure de tous les arcs
» demeura rouge. » Nous n'avons
fait que rapporter le récit de M.
d'Ulloa. M. Bouguer, qui, dans la
relation de son voyage au Pérou,
parle de ce même phénomène , y
ajoute d'autres circonstances dont
nous avons parlé plus haut au tome

cinquième de cette histoire, page
358, lorsque nous avons expliqué
la forme des nuages. Nous ajouterons seulement ici pour donner
une explication plus précise de ce
rare phénomène, que l'arc intérieur coloré fut vu dans son entier,
parce que le spectateur étoit placé
sur le sommet d'une très-haute
montagne, & que le soleil étoit à
son lever : dans toute autre position
on ne peut voir qu'une demi-cir-
conférence de l'iris, lorsque le soleil est à l'horison, & que l'observateur est dans son plan.

Les trois iris furent toutes les
trois principales & de différentes
grandeurs, ce qui pouvoit venir
de ce que les rayons du soleil qui
pénétroient le brouillard, & qui
se réfractoient dans les molécules
aqueuses dont il étoit formé,
étoient réfléchis de la partie pos-
térieure de ces molécules vers la
partie antérieure, & se réfractoient
en sortant de la même manière que
lorsqu'ils forment des iris princi-

pâles ; & de ce que les parties supérieures de ce nuage leger, étant
plutôt éclairées des rayons du soleil que les parties mitoyennes se
raréfioient plus promptement ; ce
qui, arrivant de même aux parties
mitoyennes avant les inférieures,
occasionnoit les différences de grandeur & de densité qui y étoient
sensibles, & faisoit que les rayons
du soleil se réfléchissant du nuage
vers le spectateur, y arrivoient sous
divers angles de réfraction, & con-
séquemment faisoient paroître ces
trois iris principales sous différens
diamètres.

Mais comme les parties de ce
nuage léger n'étoient pas également
éclairées & échauffées par la lumière & les rayons du soleil, il
en résultoit un changement continuel dans la grandeur des arcs ;
changement qui pouvoit aussi avoir
pour cause le vent qui agissoit inégalement sur la masse du nuage,
& la condensoit tantôt plus, tantôt moins. C'est encore ce qui pou-

voit produire cette variation de couleurs que chaque spectateur obfervoit également.

Enfin le quatrième arc paroiffoit blanc, parce que la partie fupérieure du ciel, qui étoit alors très-éclairée, ne permettoit pas que l'on en diftinguât les couleurs : c'eft auffi par cette raifon que les couleurs du troifième arc étoient plus foibles que celles des deux autres arcs intérieurs.

§. VIII.

Arc-en-ciel blanc. Iris lunaires. Iris perpendiculaires ou verges.

On a obfervé quelques arcs-en-ciel tout-à-fait blancs ; & il eft probable que fouvent on en voit de femblables dans les régions feptentrionales où l'air eft plus épais, les rayons du foleil moins vifs, & l'atmofphère fouvent chargée de matières condenfées, qui diminuent les effets de lumiere qui font beaucoup plus fenfibles dans les pays méridionaux.

Le docteur Mentzelius vit aux environs de Berlin le 22 feptembre 1676 fur les fix heures du matin, un arc-en-ciel blanc; ce phénomène dura une heure entière. Le 1 octobre 1680, il vit au même endroit un arc-en-ciel femblable, qui fe foutint pendant deux heures; il avoit commencé fur les fept heures & demie du matin. Enfin le 6 octobre 1684, il obferva un autre arc - en - ciel blanc qui parut à fept heures du matin, & fut vifible pendant une heure. (*a*) Le fentiment de cet obfervateur eft que ces fortes d'arcs-en-ciel font des rayons réfléchis par

______

(*a*) Ephémérides des curieux de la nature, décurie 2, an. 1684. Dans la collection académique, tom. VI. partie étrangère.

des vapeurs & des nuages épais
d'autant que leurs extrémités inférieures paroissent ordinairement
plus grosses & plus larges, en s'approchant de la terre où l'air est
chargé d'une plus grande abondance de vapeurs, & que leur sommet, qui se trouve dans un air con-
densé, échappe presque à la vûe.
L'iris blanche diffère donc de l'iris
ordinaire, en ce que celle-ci est
l'effet des rayons réfractés & réfléchis par les gouttes de pluie; au
lieu que l'autre est produite par les
mêmes rayons, réfléchis sur des
vapeurs très-atténuées & fort denses, qui font la matière prochaine
de ces gouttes. Or il est démontré
que les différentes gouttes d'eau,
comme autant de petits prismes,
réfléchissent & réfractent les rayons
lumineux, mais que ces mêmes
gouttes étant réduites en vapeurs
insensibles, ne réfléchissent que le
blanc à cause de la ténuité de leurs
parties. C'est ainsi qu'un prisme de
glace ou de cryftal décompose les

rayons de lumière dans leurs couleurs primitives, tant qu'il eſt entier, & ne réfléchit plus qu'une couleur blanche & uniforme lorſqu'il eſt pulvériſé.

On conçoit encore que les diverſes apparences de ces phénomènes tiennent entiérement aux modifications de l'atmoſphère. Dans les longs jours de l'été, les régions ſeptentrionales ont leurs arcs-en-ciel colorés de même que nous les avons dans toutes les ſaiſons. L'air y eſt alors plus raréfié, il y a plus de chaleur répandue dans ſa maſſe ; le phlogiſtique ou l'eſprit ſulfureux fond les vapeurs inſenſibles, les réunit en gouttes d'une certaine groſſeur qui fourniſſent les pluies ordinaires à ces climats. Lorſque le ſoleil ne les éclaire plus auſſi long-tems, les vapeurs ne ſe réuniſſent plus auſſi facilement ; condenſées par le froid, & privées de tout mouvement propre, elles s'approchent les unes des autres, ſans s'incorporer, elles reſtent dans l'atmosphère, telles à peu près qu'elles font forties du fein de la terre ou des eaux, & l'air eft prefque toujours embrumé.

Le même obfervateur que nous venons de citer, vit le 3 février 1681, trois iris fe fuccéder dans l'efpace de deux heures. La première commença de paroître fur les quatre heures du foir ; le foleil étant près de fe coucher dans un horifon ferein, on remarqua dans la partie oppofée du ciel, qui étoit chargée de nuages interrompus, un arc-en-ciel blanchâtre au commencement, mais qui prenoit une couleur d'or auffi bien que ces nuages à mefure que le foleil s'approchoit de l'horifon. Enfin lorfque le foleil fut couché, la lune, qui étoit à fon plein, s'étant levée, on vit du côté du couchant un arc-en-ciel blanc qui dura quatre heures. Il y avoit eu en même tems autour de Vénus un halo très-vifible. Le lendemain le ciel fut couvert tout le jour de nuages épais ; ce qui prouve

que

que, dès la veille, la région supérieure de l'air étoit chargée de
vapeurs épaisses & condensées. Il
geloit ce soir-là même, & il régnoit un vent d'ouest, circonstances
qui ne pouvoient que contribuer à
l'épaississement de l'air.

M. Mariotte, dans son essai de
physique, parlant des arcs-en-ciel
sans couleur, dit qu'ils se forment
sur les brouillards comme les autres dans la pluie. Il se fonde sur
l'observation suivante. Le jour qu'il
la fit, il y avoit eu un grand brouillard au lever du soleil, qui, une
heure après, se sépara en différentes masses : un vent d'est ayant
poussé un de ces brouillards divisés
à quelques cens pas de lui, & le
soleil dardant ses rayons dessus,
il y parut un arc semblable pour la
figure, la grandeur & la situation
à l'arc-en-ciel ordinaire, il étoit
tout blanc & terminé à l'extérieur
par un cercle plus obscur. La blancheur du milieu étoit très-éclatante
& surpassoit de beaucoup celle qui

Tome VII. O

paroiſſoit ſur le reſte du brouillard : l'arc n'avoit qu'environ un
degré & demi de largeur. Ce
brouillard ayant été emporté par le
vent, & un autre ayant paſſé à ſa
place, il s'y forma un arc tout ſemblable au premier. M. Mariotte
attribue le défaut de couleur de
ces arcs-en-ciel aux vapeurs im-
perceptibles dont ſont compoſés
ces eſpèces de brouillards, elles réfléchiſſent les rayons lumineux,
tels qu'elles les reçoivent, & ne
les diviſent point par des réfractions en diverſes couleurs ; toutes
les expériences confirment la vérité
de ce raiſonnement ; nous en avons
donné plus d'une preuve.

Les *iris lunaires* ſe forment de
même que les arcs-en ciel ſolaires ;
car quoiqu'on ne les obſerve pas
auſſi ſouvent, il en exiſte aſſez pour
que l'on ait pu ſe faire une théorie
aſſurée à ce ſujet. On en jugera par
les obſervations différentes que nous
allons rapporter. Ces iris paroiſſent
lorſque la lune eſt à ſon plein, &

qu'il pleut dans la région du ciel
oppofée à celle où fe trouve la lune.
Elles font rarement colorées, &
lorfqu'elles le font, c'est toujours
d'une manière foible & fort em-
brouillée : ce qui vient de ce que
les rayons lumineux de la lune étant
fort rares, ils n'ont pas autant de
force pour fe réfracter & fe réfléchir fur les gouttes d'eau que la
lumière du foleil. C'est pour cela
que ces iris les plus marquées paroiffent ordinairement d'une couleur qui tire fur le jaune pâle.

On lit dans le journal des Sa-
vans, (8 mars 1694) que le 18
juillet 1693, à neuf heures & un
quart du foir, la lune étant affez
claire du côté du midi, & le ciel
couvert au nord d'un nuage épais,
il fe forma dans ce nuage aux environs de Bourges, un arc-en-ciel
qui n'avoit aucune des couleurs de
ceux que l'on voit le jour ; il étoit
blanchâtre, ou plutôt c'étoit une
lumière fort diftincte marquée fur
un nuage obfcur, de la largeur de

O ij

l'arc-en-ciel ordinaire ; son ceintre étoit plein & entier. On en vit un dans le Brandebourg au mois d'octobre 1671 , quatre ou cinq jours après la pleine lune. L'observateur dit qu'il étoit à cheval, allant à la campagne avant le lever du soleil : il vit à sa gauche du côté de l'orient dans des nuages & des brouillards , un arc-en-ciel auquel manquoient seulement les couleurs jaune & rouge. Il étoit assez grand & formoit , comme l'arc-en-ciel solaire , un demi-cercle parfait dont les deux extrémités portoient à terre ; l'absence du jaune & du rouge faisoient paroître le blanc & le bleu très-distinctement ; la lune étoit à la droite de l'observateur, à l'occident, encore élevée sur l'horison d'environ quatre - vingt degrés , dans un ciel clair & serein. Ce phénomène n'étoit pas un halo, puisqu'il formoit seulement un demi-cercle, & qu'il paroissoit en opposition avec la lune ; au lieu que le halo forme un cercle entier qui

environne cette planète. On ne
peut pas l'attribuer aux rayons
du soleil, puisque cet astre étoit
encore à plusieurs degrés au-dessous
de l'horison, & que les nuages répandus du côté du levant intercep-
toient toute la lumière du crépuscule : c'étoit donc un véritable arc-
en-ciel lunaire (V. *la collec. acad.
tom. 6 de la partie étrangere*).

M. d'Ulloa observa au Pérou le
4 avril 1738 une iris lunaire composée de trois arcs unis entr'eux
vers leur partie supérieure. Le diamètre de l'arc du milieu étoit de
soixante degrés ; sa largeur, qui
étoit marquée par une couleur
blanche, étoit de cinq degrés. Les
deux autres arcs étoient blancs aussi, mais de différens diamètres. Ce
météore tout-à-fait blanc, étoit
appuyé à un des sommets de la
cordillière, dans un point sans
doute où les vapeurs s'étoient accumulées.

Cornelius Gemma, médecin de
Louvain, rapporte que, le 12 mars

1569 à minuit, il vit une iris lunaire qui avoit toutes les couleurs
de l'arc - en - ciel. M. Bernier dit
dans ses mémoires sur l'Empire du
Mogol, qu'il a vu deux fois l'iris
lunaire à Delli, & qu'il l'a de même observée deux nuits de suite
en allant par eau de Pipli à Ogouli.
Ces iris n'étoient pas à l'entour de
la lune, mais dans la partie du ciel
opposée. Toutes les fois qu'il les
vit, la lune étoit environ à son
plein, elle se trouvoit vers l'occident & les iris vers l'orient. Ces
iris étoient plus colorées que ce
qu'on appelle des couronnes; on y
remarquoit même quelque foible
distinction des couleurs. Elles se
présentent avec le même éclat dans
la plupart des latitudes situées entre les tropiques & sur-tout dans
le voisinage de la ligne, où l'air
est plus échauffé, ordinairement
plus rare & naturellement plus lumineux que dans les climats que
nous habitons. Ainsi les couleurs
que l'on remarque dans les iris lu-

naires, doivent être moins attri-
buées à l'effet de la lumière de la
lune, qu'aux dispositions habi-
tuelles de l'air. Celles que M.
d'Ulloa a observées étoient absolument blanches, mais il étoit
alors dans les montagnes du Pérou,
où l'on trouve, ainsi que nous l'a-
vons remarqué, à différentes élévations, toutes les températures des
diverses régions du globe, entre
les chaleurs les plus vives, & un
froid plus insuportable que celui
des terres polaires, puisqu'on ne
peut y résister. D'où l'on doit conclure que l'air a des modifications
aussi variées que les degrés de chaud
& de froid que l'on y éprouve, &
que par conséquent les météores
qui s'y forment ont des apparences
relatives à l'état de l'air & au degré
de la température.

Ce météore si simple en apparence, & d'une couleur presque
toujours uniforme dans nos climats,
est cependant varié dans la manière
dont il se présente à la vue : on en

O iv

jugera par l'observation suivante.
Le 2 février 1684, le froid ayant
repris en Saxe avec violence, il se
fit une forte gelée. Le lendemain
qui étoit le second jour depuis la
pleine lune, il neigea en abondance
par un vent de nord, à la fin du
jour l'air devint plus serein; &
après dix heures du soir, on vit
autour de la lune, qui étoit élevée
de vingt-un degrés trente minutes
sur l'horison, une couronne traversée par deux bandes blanches qui
se croisoient à angle droit au centre
de cette couronne. Celle des bandes qui étoit parallèle à l'horison,
s'étendoit de part & d'autre au-
delà de la circonférence de la couronne qu'elle couppit en deux
points diamétralement opposés,
& à chacun de ces points d'intersection il y avoit une parasélène
d'une lumière foible, dont l'une
étoit plus visible que l'autre. Ce
météore étoit surmonté par une
espèce d'iris incomplette, dont la
convexité étoit tournée vers la cou-

ronne. Il faut remarquer qu'il ne tomboit alors ni neige, ni pluie; toutes ces apparences se formoient sur les vapeurs dont l'air étoit rempli. Ce phénomène fut vu à Dresde, à Leipsick, à Berlin & dans la Silésie. On distinguoit plusieurs espèces de nuages dans l'air : l'un épais, uniforme & continu se trouvant placé entre les observateurs & la lune, transmettoit ses rayons sous la forme d'un halo, tandis que, les nuages qui réfléchissoient l'image de la lune, & ceux sur lesquels paroissoit l'iris, étoient plus solides & peut-être composés de particules glacées.

Les *iris perpendiculaires* ou *verges* que l'on voit quelquefois, & que les anciens ont observées comme nous, ne sont autre chose que des faisceaux ou colonnes de vapeurs très-atténuées, qui s'élèvent en petit volume & dans une direction perpendiculaire, sur lesquels les rayons lumineux viennent se briser & se réfléchir, mais dont les couleurs ne font point diftinguées comme celles de l'arc-en-ciel. Elles font confufes & très-changeantes ; on ne peut les comparer à l'iris que parce que l'incidence & la réfraction des rayons lumineux s'y font à peu près de même que dans l'arc-en-ciel ordinaire ; encore faut-il pour cela que le fond de l'air foit humide , & qu'il n'y ait que quelques nuages legers épars. Je crois avoir obfervé deux de ces météores , l'un le 27 août 1768 ; le vent apparent étoit indécis de l'oueft au nord ; & le ciel fort embrumé du nord au fud. Je vis , environ trois quarts d'heure avant le coucher du foleil , une verge ou iris perpendiculaire divifée par les nuages qui en laiffoient voir tantôt une partie, tantôt une autre, dont les couleurs étoient rangées dans l'ordre fuivant : le rouge en-dedans , le jaune & le verd en-dehors , ces deux couleurs peu démêlées. Cette apparence fe foutint plus d'une heure, on ne l'appercevoit que par inter-

valles ; il y avoit des nuages au-
dessous qui la cachoient de tems
en tems. J'ai observé la seconde le
18 décembre 1769, le vent étoit
sud-ouest, l'air nébuleux & épais ;
& pendant que le soleil se plon-
geoit dans un brouillard pâle &
presque transparent, il sortit du
point de l'horison où le soleil devoit se coucher, une grande verge
ou pyramide renversée d'un rouge
assez vif, & qui paroissoit au travers du brouillard répandu à l'horison. Après le coucher du soleil
elle se teignit d'un rouge pourpre,
& on continua de la distinguer pendant plus de trois quarts-d'heure ;
elle étoit d'un rouge plus obscur
dans les endroits où les bandes
des nuages la coupoient horisonta-
lement : on put en remarquer
la forme tant que le crépuscule eut
quelque éclat. La lune étoit alors
à son vingtième jour, & ne se
leva que long-tems après que ce
météore eut disparu dans les ténèbres de la nuit.

O vj

Les actes de Leipsick, année 1690, rapportent deux phénomènes de cette espèce, l'un de jour, l'autre de nuit, observés à Altdorff par le docteur Sturmius. Il se promenoit au mois de décembre 1689, par un tems très-serein & très-froid. Le soleil étant prêt à se coucher, il vit une colonne ou traînée de lumière qui s'élevoit perpendiculairement sur le disque de cet astre. Cette colonne étoit moins brillante que le soleil, mais beaucoup plus lumineuse que l'air des environs qui étoit fort chargé de vapeurs : sa largeur paroissoit à-peu-près égale au demi-diamètre du soleil, & sa longueur plus de douze fois plus grande. Lorsque le soleil fut couché, la colonne alla en diminuant de longueur, & disparut entièrement dans l'espace de quelques minutes.

Le même jour on vit aussi à Altdorff un phénomène extraordinaire autour de la lune qui étoit prête à se coucher. C'étoit une colonne

de lumière pareille à celle qui avoit
été observée au soleil couchant,
excepté qu'au lieu d'être toute entière au-dessus de l'astre, sa plus
grande longueur étoit au-dessous
& s'étendoit jusqu'à l'horison, différence qu'il faut attribuer à l'élévation de la lune qui étoit encore
assez considérable ; car à mesure
qu'elle approchoit de l'horison la
traînée de lumière s'accourcissoit :
mais la partie visible au-dessus de
la lune ne croissoit point du tout :
de sorte qu'elle se trouva réduite à
très-peu de chose quand la lune
fut couchée , & qu'elle disparut
bientôt après. Il est à croire qu'il
en auroit été de même du petit
météore vû au coucher du soleil ,
s'il eût été observé tandis que cet
astre étoit encore élévé au - dessus
de l'horison. Comme il y avoit apparence que les vapeurs dont l'air
étoit chargé ne se dissiperoient pas
pendant la nuit, M. Sturmius vou-
lut le lendemain observer le soleil
à son lever , & il vit au-dessus de

cet astre une colonne lumineuse
qui resta aboutissante à l'horison
tandis que le soleil s'en éloignoit,
& dès qu'il fut parvenu au sommet
de la colonne, elle s'évanouit assez promptement. Le phénomène
de la veille ne reparut point le
soir ; la disposition de l'air étoit
changée ; le froid étoit considérablement diminué, & le vent avoit
tourné de l'est au sud. Ces colonnes de lumière ne s'élèvent pas plus
haut que les vapeurs dont l'atmosphère se trouve chargée ; il semble
qu'elles resserrent les rayons de
l'astre dans une même direction,
pour produire cet effet lumineux.

Ces verges ou bandes qui s'é-
tendent depuis les nuées jusqu'à
terre, représentent un cône, &
ont leur plus grande largeur dans
l'endroit où elles paroissent toucher
l'horison. Elles sont plus fréquentes
avant le coucher du soleil lorsque
la chaleur commence à diminuer,
ou le matin lorsqu'elle n'a pas encore dissipé la fraîcheur de la nuit

qu'à toute autre heure. Cette apparence ne se montre que lorsque les nuages dérobent la lumière du soleil au spectateur : plusieurs rayons éloignés les uns des autres, se faisant jour par les espaces étroits que les nuages laissent entr'eux, se réunissent au même point en s'approchant de l'horison visible , & trouvant à leur passage les vapeurs plus épaisses, qui dans cette disposition de l'atmosphère s'élèvent de bas en haut , ils s'y réfléchissent & redoublent d'éclat à ce point , tellement que le centre de la lumière paroît être à l'endroit même où elle about tit , & de-là s'étendre de bas en haut ; quoique ce que l'on apperçoit ne soit qu'une suite de la réflexion des rayons lumineux sur les vapeurs à l'endroit où elles sont le plus condensées. Jamais ce phénomène n'est plus brillant que lorsqu'on peut l'observer latéralement : alors on voit les effets variés de la lumière sur les globules séparés des vapeurs, dont la réunion compose un faisceau de rayons lumineux, étendus en ligne perpendiculaire à l'horison, & qui, relativement à nous, ne forment qu'une même colonne. Vûs de plus près encore, on appercevroit les différens effets de la lumière sur chacun d'eux ; comme lorsque l'on introduit un rayon du soleil dans une chambre obscure, on voit les petits corpuscules dont la masse de l'air est composée, se mouvoir en divers sens, réfléchir la lumière avec plus de vivacité les uns que les autres, & même être teints de couleurs variées.

§. IX.

Halos de soleil & de lune. Propagation de la lumière ; modification des substances aëriennes sur lesquelles ils se forment.

Les halos, les couronnes, les parélies sont autant de météores brillans qui, comme l'arc-en-ciel, sont produits par la réfraction & la réflexion des rayons lumineux d'un astre sur des corps légers & transparens, tels que les vapeurs & les exhalaisons aqueuses ou les nuages légers répandus dans l'atmosphère. Ces météores n'ont aucune solidité, ils consistent uniquement dans leur apparence & dans l'effet combiné de la lumière avec l'obscurité. Ce que nous avons dit sur la manière dont se forme l'arc-en-ciel, nous a enseigné d'avance quelles sont les causes des halos &

des couronnes , & ce que nous ajouterons de nouveau au sujet de ceux-
ci , sera une confirmation des principes que nous avons établis sur
l'arc-en-ciel. Mais comme ces petits météores n'ont pas une forme
aussi constante que l'iris , qu'ils sont
l'effet d'autres combinaisons qui
produisent des singularités qui leur
appartiennent spécialement : la connoissance de ces variétés en ren-
dra l'étude intéressante ; quoiqu'on
n'y remarque jamais les couleurs
brillantes qui rendent l'arc-en-ciel
si admirable.

Le halo se montre sous diverses
apparences : c'est quelquefois un
faisceau de rayons lumineux qui
vient se réfléchir sur un nuage uni
d'une densité égale , qui se trouve
entre l'œil du spectateur & le soleil ou la lune , qui , ne pouvant
pénétrer l'épaisseur du nuage , se
brise à son point d'incidence , se
réfléchit & s'échappe par toutes les
extrémités du nuage autour duquel
il se forme un cercle de lumière.

Le centre de ce cercle lumineux eſt
le point d'incidence où les rayons
ſe raſſemblent, ſe réfractent & ſe
réfléchiſſent dans une direction égale
du centre à la circonférence.

Le halo ſe remarque plus ſouvent autour de la lune que du ſoleil ; plutôt la nuit que le jour,
parce que le nuage, ou les vapeurs
ſur leſquels il ſe forme, ſont trop
aiſément diſſous par la chaleur que
le ſoleil répand dans l'atmoſphère.
Il n'eſt donc pas toujours néceſſaire
que le nuage ſur lequel le halo paroit ſoit viſible, la ſeule denſité
des vapeurs inſenſibles, répandues
dans l'air, ſuffit pour intercépter
les rayons de la lumière, les briſer
& former un cercle lumineux. Si
on jette de l'eau vis-à-vis les rayons
directs du ſoleil avec aſſez de force
& à une aſſez grande hauteur pour
que toutes ſes parties ſe diviſent
en globules inſenſibles, on voit un
cercle lumineux, un halo momen-
tané paroître dans l'inſtant & ſe
diſſiper auſſi-tôt après la chûte des

particules aqueuses. Les gerbes d'eau qui s'atténuent en s'élevant, & sont surmontées par une espèce de poussière ou de fumée d'eau, produisent le même effet. Si l'on se place derrière une des belles fontaines de la place de saint Pierre de Rome, & que l'on regarde le soleil au travers du sommet de la gerbe qui en sort, on ne voit cet astre qu'au milieu d'un halo ou cercle lumineux, parce que la gerbe d'eau couvre son disque relativement au spectateur.

Dans les bains fermés on voit toujours un cercle brillant autour de la chandelle qui les éclaire. La cause en est sensible, c'est que la capacité du lieu est remplie de vapeurs aqueuses, dont les particules sont, à la vérité, très-tenues & même insensibles ; mais qui étant très-rapprochées les unes des autres, brisent successivement les rayons de la lumière, & la réfléchissent de manière à former un cercle brillant, souvent peint de diverses couleurs. Ce cercle, de même que l'arc-en-ciel, ne peut paroître qu'à la suite de différentes réfractions & réflexions des rayons lumineux qui arrivent par la difposition qu'ils ont à être rompus ou détournés de leur première direction en paffant d'un corps ou d'un milieu tranfparent dans un autre. Or c'eft ce qui fe fait lorfque les rayons fortis d'un aftre ou d'un autre corps lumineux viennent aboutir fur des vapeurs ou des très-petites gouttes d'eau : ils fe brifent & fe réfléchiffent des unes dans les autres, jufqu'à ce qu'ils n'aient tout-à-fait quitté la ligne perpendiculaire pour prendre l'horifontale ; & le plus ou le moins de réfrangibilité des rayons, eft ce qui occafionne la différence des couleurs dont ces météores font peints.

A ces premières obfervations fur les caufes du halo, ajoutons encore qu'on peut le remarquer autour d'un aftre, ou même d'une chandelle allumée, dans un air libre & dégagé de toutes vapeurs aqueufes, fi après s'être tenu l'œil couvert pendant quelque tems avec la main, on vient à regarder ensuite la chandelle. La cause de ce phénomène est alors dans l'œil, & non dans l'air qui entoure le corps lumineux. La pression de la main a gêné la transpiration de l'œil, & fait sortir de petites glandes des paupières, une humidité abondante dont l'œil est couvert, au travers de laquelle il voit les objets. Il ne reçoit plus les rayons de la lumière directement, ils se brisent en passant par le milieu qui est accidentellement sur l'œil, & la lumière est tellement modifiée, qu'elle ne présente plus le corps lumineux à l'œil qu'au milieu d'un cercle éclairé, ou d'un véritable halo. La même chose arrive, si on regarde la lumière après s'être baigné l'œil & pendant qu'il est chargé d'eau ; le halo disparoît à mesure que l'humidité se dissipe, & que la vision se rétablit dans son état naturel.

De ce que nous avons dit, on doit déja conclure que la cause de ces petits météores se trouve dans notre atmosphère, & à peu de distance de la surface de la terre. Il ne faut donc pas s'en rapporter aux illusions des sens & aux erreurs d'optique qu'elles occasionnent, qui présentent ces anneaux autour des astres & aussi près d'eux que le cercle lumineux l'est de la chandelle. Lorsque le ciel est parfaitement serein, on n'apperçoit point d'atmosphère autour des astres, aucun amas de vapeurs sur lesquels les halos puissent se former ; si cela étoit ainsi, on les observeroit à une très-grande hauteur & dans la plus grande partie de l'hémisphère où ils se formeroient. Il n'en est pas de même des météores dont nous parlons, ils ne peuvent être vus que de peu de personnes en même-tems, & tout au plus à la distance de deux ou trois milles, & souvent de si près qu'il seroit possible de les toucher. Tel est celui dont parle Mussenbroeck (§. 2449), qui fut vu en 1750, sous un ciel assez serein de

toutes parts; mais par un brouillard
léger qui étoit à la surface de la
terre. Le limbe inférieur de la lune
effleuroit la partie supérieure du
toit d'une maison, & on voyoit en
même-tems une couronne pâle autour de la lune, qui étoit d'environ douze degrés. La moitié de la
partie supérieure élevée au-dessus
du toit, étoit beaucoup plus éclairée que la partie inférieure qui étoit
au-dessous, & adossée à un mur. Le
spectateur observa que cette couronne diminuoit à proportion qu'il
s'approchoit de la maison, mais
aussi qu'elle avoit plus d'éclat; d'où
il conclut qu'elle n'étoit pas à plus
de quatre-vingts pieds de distance.
Ce météore disparut avec le brouillard. Il est aisé de voir pourquoi la
lumière sembloit augmenter en s'en
approchant, c'est qu'on voyoit le
phénomène au travers d'une moindre épaisseur de brouillards, &
qu'on étoit plus près du point d'incidence & de réflexion des rayons de
la lune.

Le

Le 3 janvier 1768, le froid étant
extrême, le vent-est tirant au sud, il
y eut dans la matinée un brouillard
assez épais, qui empêcha le soleil
de paroître ; environ à dix heures
du matin, la brume s'éclaircit un
peu, & on vit le soleil à travers un
grand halo très-lumineux, dont les
couleurs rouges, verdâtres & pour-
pres étoient très-vives ; son éclat
étoit d'autant plus sensible, que le
cercle étoit éloigné à peine de quatre-vingts pas ; son limbe inférieur
n'étoit pas à plus de trois pieds de
terre, & sa lumière se réfléchissoit
sur la neige : je m'approchai pour
le voir de plus près ; mais quand je
fus arrivé au point où l'apparence
étoit le plus lumineuse, je ne dis-
tinguai plus de couleurs ; à quatre
pas plus loin, je me trouvai dans
une masse de brouillards plus épais,
qui paroissoit renfermée entre les
murs de l'enclos, où j'observai ce
phénomène dans la Bourgogne septentrionale, au quarante-septième
degré & quelques minutes de lati-

Tome VII. P

tude. Le brouillard devint plus obfcur, & le météore difparut infenfiblement. Le froid étoit alors fi violent, que tout ce que l'évaporation
envoyoit de vapeurs dans l'atmofphère, s'y glaçoit auffi-tôt ; & c'eft
à cette difpofition de l'air que l'on
devoit attribuer l'éclat extraordinaire de ce phénomène. Le lendemain le froid étant auffi vif, les teintes au couchant avoient les mêmes
couleurs que le grand halo de la
veille, & le foleil étoit entouré d'un
cercle brillant, de couleur verte,
qui paroiffoit à l'extrémité de l'horifon, & qui dès-lors pouvoit être
remarqué de beaucoup plus loin.
Ces fortes de météores ne fe forment que dans un air tranquille,
chargé de brouillards légers, & dont
la difpofition n'eft point contrariée
par les vents. S'ils acquièrent quelque force, s'ils excitent un mouvement d'ondulation dans le brouillard, le phénomène difparoît, & il
commence à s'effacer par le côté
d'où vient le vent, qui eft celui où

le brouillard se dissipe d'abord.

Souvent le halo du soleil, quoique sensible, est peu lumineux, & ne brille pas de différentes couleurs; ce qui dépend du plus ou du moins de densité des vapeurs dans lesquelles il se forme. Dans les halos de lune elles sont à peine remarquables, parce qu'elles sont fondues les unes dans les autres, & comme noyées dans la quantité de vapeurs à travers lesquelles on les apperçoit. Les couleurs que l'on distingue le plus dans les halos du soleil, sont le rouge qui occupe le dedans du cercle, le jaune au milieu, & le verd-pâle à sa circonférence extérieure. Cependant cet ordre est sujet à de fréquentes variations, relatives aux dispositions de l'air. Nous nous arrêterons un moment sur la manière dont ces météores peuvent se colorer, & la lumière prendre les modifications variées sous lesquelles elle se montre.

Il est admis que la lumière est une matière très-subtile, qui, sorrant du corps lumineux, s'étend du centre à la circonférence avec une célérité étonnante. Soit que la lumière soit un corps ignée qui ait son étendue & sa masse, comme l'ont prétendu les philosophes de la secte d'Epicure, Lucrèce, & après eux Gassendi ; soit qu'elle ne soit qu'une modification imprimée à l'air, comme Descartes l'indique par la définition énigmatique qu'il en donne, en disant que la lumière est le mouvement du second élément qui lui est imprimé par le premier, & qui rend le troisième visible. Par ces termes généraux, il donne à son idée une si grande étendue, qu'on ne peut la concevoir qu'en la restreignant, & en se représentant la lumière résidente dans le corps lumineux, d'où elle se répand par l'air qu'elle éclaire jusques sur la terre, dont elle rend visibles toutes les parties sur lesquelles son éclat se réfléchit.

Soit donc que la lumière consiste dans l'écoulement d'une infinité d'a-

tômes ou de corpufcules ignées,
qui fortant du foleil, comme d'un
grand océan de feu, fe répandent
avec une vîteffe incroyable de toutes parts du centre à la circonférence ; foit que la lumière ne par-
vienne jufqu'à nous qu'en vertu du
mouvement imprimé à la matière
fubtile qui eft entre deux ; il n'eft
pas douteux que l'effet de la lumière ne fe produife par une multitude de rayons qui partent en lignes directes du corps lumineux,
par autant de furfaces parallèles. Ce
font ces rayons qui viennent fe bri-
fer & fe réfléchir fur les globules
infenfibles des vapeurs qui forment
le halo & les autres météores de
même efpèce ; & de leurs différens
dégrés de réfraction, naît la couleur qui y paroît. Car dès que la lumière fe mêle avec un corps opaque qui la réfracte & la réfléchit
fans l'abforber, il en réfulte différentes modifications qui donnent
lieu à la variété des couleurs. La
lumière par elle-même n'a aucune

couleur ; ce n'eſt qu'un fluide très-
ſubtil, éclatant, dont la première
modification, ou le moindre mêlange avec les corps opaques produit le blanc ; la dernière modification & le plus fort mêlange produit le noir, ou l'abſorbement entier de la lumière, dont aucun des
rayons n'eſt plus réfléchi. Les modifications ou les mêlanges intermédiaires donnent les différentes couleurs, qui s'éloignent plus ou moins
du noir ou du blanc, de la lumière
ou de l'obſcurité.

Lors donc que la lumière qui ſort
du corps lumineux, vient à traver-
ſer un milieu qui a quelque denſité ; mais dont les parties ſont ſi atténuées & ſi ſubtiles, qu'elles deviennent inſenſibles, telles que ſont
les vapeurs légères dont l'atmoſphère eſt formée : alors le rayon ne
trouvant qu'un obſtacle facile à pénétrer, ſuit ſa direction perpendiculaire, & vient à nous avec tout
ſon éclat naturel ; c'eſt la lumière
elle-même qui n'a ſouffert aucune

altération. Mais si le rayon trouve un obstacle plus considérable dans la densité des vapeurs qu'il a à pénétrer ; s'il est brisé de façon à former à son point d'incidence , un angle avec la perpendiculaire , alors la lumière ne conserve plus sa pureté primitive & son éclat d'origine ; elle contracte quelque chose des qualités du corps dense sur lequel elle se réfléchit. Par cette union de qualités secondaires avec la simplicité primitive de la lumière , se forme le blanc , qui est la première & la plus simple modification de la lumière. Or , comme tous les rayons se brisent au même point de réfraction , & se réunissent dans un point commun de réflexion , & qu'ils s'éloignent tous également de l'axe à la circonférence , ils produisent des cercles lumineux , blancs , ou teints de diverses couleurs , que nous appellons halos ou couronnes , dont les teintes variées dépendent du différent degré de réfrangibilité qu'éprouvent les rayons de la lumière,

P iv

en passant par un milieu qui a quelque densité. Ainsi dans les halos ordinaires, nous observons que la couleur la plus foncée est au centre, parce que la vapeur y est plus dense, & dès-lors plus réfringente : de ce centre à la circonférence, les teintes se rapprochent davantage du blanc, parce que les vapeurs que les rayons de lumière ont à pénétrer, sont moins denses & moins réfringentes ; la lumière est moins embarrassée de qualités secondaires ; & plus elle s'éloigne du point de réfraction, plus elle tend à reprendre son premier éclat & sa pureté naturelle.

D'après ces différentes observations sur la manière dont se forment les apparences des halos, des couronnes, des parélies mêmes, & des autres météores de ce genre ; après les expériences simples & faciles qui en démontrent la vérité, il ne me paroît pas nécessaire d'admettre, comme l'illustre Descartes, des petites surfaces planes de glace, transparentes en partie, répandues dans

l'air , sur lesquelles se fasse la réfraction des rayons du soleil , ou
d'y ajouter , comme Huighens a cru
devoir le faire , des particules cylindriques , de même nature , transparentes à la circonférence , avec un
noyau plus opaque. C'est charger
sans nécessité l'air d'une multitude
de petits corps plus lourds que les
vapeurs atténuées qui suffisent à
faire paroître le halo , & prendre
un moyen inutile pour expliquer
la réfraction des rayons lumineux ,
qu'il est démontré se faire plus
communément & même mieux par
le seul milieu des vapeurs aqueuses
quelque légères qu'on les suppose ;
dès qu'à raison de leur quantité ,
ou de la fraîcheur répandue dans
l'air , elles ont acquis quelque condensation. Ont-ils pu se persuader
que l'arc-en-ciel le plus brillant ,
& le mieux coloré de tous ces météores , ne paroissoit que sur des
petites surfaces planes , ou sur des
particules cylindriques de glace ?
Ces deux grands philosophes ont

P v

voulu donner à ces météores, par les matières sur lesquelles ils supposent qu'ils se forment, une solidité qu'il n'est pas nécessaire qu'ils aient, & qu'ils n'ont effectivement pas. Huighens en admettant des parties cylindriques & oblongues mêlées avec des parties rondes, a assuré aux halos une composition plus solide encore, attendu que les matières glaciales qu'il suppose contiguës & rangées circulairement doivent former un cercle difficile à désunir, ce qui est inutile pour l'apparence du météore, & ce que toutes les expériences & les observations semblent contredire.

Il est vrai que ces illustres observateurs ont prétendu avoir remarqué, dans la dissolution des vapeurs sur lesquelles le halo s'étoit formé, l'un des grains de grêle à moitié transparens, l'autre des parties cylindriques & oblongues, transparentes à la circonférence, avec un noyau opaque & de même forme. On ne doit pas

douter qu'ils n'aient obfervé exactement, & que leurs rapports ne
foient conformes à ce qu'ils ont
vu : mais ces grains de grêle, ces
cylindres de glace, étoient-ils la
partie homogène de la matière fur
laquelle s'étoit formé le halo ? n'eft-
il pas probable que les vapeurs
condenfées par la fraîcheur accidentelle de l'atmofphère, s'étoient
réunies & formées par les mêmes
loix générales, par lefquelles fe
forment la grêle & les autres météores qui lui reffemblent ? Il y a
même quelques circonftances où les
vapeurs peuvent être réellement
glacées, & donner les apparences
du halo le plus brillant : tel fut
celui du 3 janvier 1768, dont nous
avons parlé plus haut. Le froid étant
alors de la plus grande force, il
n'eft pas douteux que fi dans une
température auffi rigoureufe, il fût
tombé quelque chofe de l'atmofphère à la furface de la terre, on
n'eût pu y trouver des particules de
glace différemment conformées :

toute l'atmosphère en étoit remplie,
on en sentoit l'âcreté en les respi-
rant, dès qu'on s'exposoit à l'air
extérieur. Il tomba peu après une
neige très-fine que l'on ne devoit
regarder que comme des filamens
de glace rapprochés les uns des
autres. La lumière du soleil, dans
ces circonstances, ne pouvoit guère
être réfléchie que par des molécules
aqueuses, glacées. Mais ces dispositions de l'air ne sont point nécessaires à la formation de ces météores; il en paroît plus dans un
air doux & humide que dans un
air glacial, autant au moins en été
qu'en hiver; & on les observe dans
la zone torride de même que dans
la zone glaciale, & avec des couleurs aussi brillantes.

Dans les différentes observations
que l'on a faites sur les halos ou
couronnes, on a toujours remarqué
que, soit qu'ils fussent colorés ou
blancs, il y avoit entr'eux & le
corps lumineux qu'ils entourent,
un espace moins éclatant que ne le

font les cercles qu'ils décrivent,
apparence qui eſt occaſionnée par
la diſtance qui eſt entre le point de
l'atmoſphère où on les voit, & ſa
région la plus élevée ; cette diſtance
doit être conſidérée comme une
longue pyramide dont le halo eſt
la baſe, & la pointe à l'endroit où
l'on apperçoit l'aſtre. La lumière
brillante des bords de la baſe fait
que le centre du cercle, & le fond
de la perſpective aërienne, paroiſſent plus obſcurs.

Dans preſque tous ces météores
les couleurs ſont plus foibles que
celles de l'arc-en-ciel ; elles ſe ſui-
vent dans un ordre différent, ſuivant la différence de leurs diamètres. Dans les trois couronnes concentriques que Newton obſerva
en 1692, les couleurs étoient diſ-
poſées du centre à la circonférence
dans l'ordre ſuivant. 1°. La couleur
de l'anneau interne étoit bleue en
dedans, blanche au milieu, & rouge en dehors. 2°. La couleur interne
du ſecond anneau étoit pourpre,

ensuite bleue, après cela verte, jaune & d'un rouge pâle. 3°. La couleur interne du troisième anneau étoit d'un bleu pâle, & l'externe d'un jaune pâle. Frisch observa en 1729 un cercle de trois couleurs qui entouroit le soleil; ces couleurs étoient disposées de manière que le rouge étoit à l'extérieur, le jaune tenoit le milieu, & le blanc étoit à l'intérieur. Ce dernier anneau étoit éloigné du soleil à la distance de deux diamètres solaires. Il remarqua encore un autre cercle blanc qui passoit par le soleil, & deux autres demi-cercles blancs plus petits qui prenoient de part & d'autre leur origine sous le disque même du soleil, & qui étoient dans le plan du plus grand cercle. (*Voyez Mus-senbroeck*, §. 2479.) Dans cette observation le soleil étoit vu comme au travers d'un cône de vapeurs divisé à son centre par l'action propre de cet astre, dont une partie des rayons se réfléchissoit à diverses diſtances, & ſe réfractoit enfin ſur la baſe qui paroiſſoit colorée.

Le 7 janvier 1687 à Poſtdam entre neuf & dix heures du matin, le ſoleil étant caché ſous un nuage oblong noir & peu épais, on vit à gauche de cet aſtre une partie d'arc-en-ciel ou plutôt de halo coloré. On y diſtinguoit du rouge, du jaune & du bleu. Ce phénomène dura un quart-d'heure, après quoi il s'évanouit ; il reparut une demie-heure après pour ſe diſſiper entiérement. On avoit vû le 29 janvier 1684 à Hall en Saxe, un phénomène de cette eſpèce autour du ſoleil, mais beaucoup plus ſingulier ; c'étoit un halo partagé par quatre diamètres lumineux qui ſe croiſoient à angles droits, & qui étoient ſurmontés par un arc renverſé.

Les halos de lune, plus fréquens que ceux de ſoleil, ont des variétés qui dépendent de la diſpoſition où ſe trouvent les vapeurs de l'atmoſphère, & de la manière dont elles réfléchissent les rayons lumineux. Le 25 avril 1681, la lune étant encore nouvelle, on vit à Ausbourg une double couronne autour de cet astre : la plus petite avoit à peu près les couleurs de l'iris, & la plus grande étoit blanche comme un halo ordinaire de lune. Ces deux couronnes n'étoient pas concentriques, elles se coupoient en deux points, & l'on voyoit à chaque point d'intersection une parasélène d'une lumière foible ; toutes deux disparurent l'une après l'autre, ainsi que les deux couronnes, dont la plus petite s'évanouit la première.

Ces phénomènes ne sont pas rares en France, mais l'on ne s'arrête qu'à ceux qui, à raison de leurs couleurs ou de leurs formes, ont quelque singularité frappante. On vit en 1683 un halo de lune dont le cercle du milieu étoit blanc, suivi d'un autre qui tiroit sur le rouge ; il avoit ensuite deux zones, l'une bleue & l'autre verte, & le contour extérieur en étoit d'un rouge très-foncé. On en observa un autre en 1728 dont la bande extérieure étoit d'un rouge pâle, suivie de deux bandes jaunes & vertes qui se terminoient par un cercle blanc.

Mussenbroeck (§ 2448) dit qu'on remarque fréquemment des halos & des couronnes en Hollande, que l'on en compte d'ordinaire plus de cinquante par an qu'on peut distinguer en plein jour ; mais on ne les observe pas si bien que ceux de nuit, parce que, dit-il, on n'y est pas accoutumé à regarder fixément le soleil & la partie du ciel qui l'entoure, & que l'on ne peut guères s'y garantir des impressions que cet astre fait sur les yeux, qu'en se servant d'un tube de métal au travers duquel on fait aisément ses observations. Il y a des années où ils sont aussi fréquens en France : mais par-tout, l'apparence de ces météores dépend d'un air habituellement humide, froid & embrumé : il n'est pas même nécessaire qu'il y ait des brouillards ou des nuages sensibles. Le 26 avril 1754, on observa à Montepulciano en Toscane un phénomène de cette espèce, plus marqué qu'ils ne le font ordinairement. Vers les deux heures après midi, il parut autour du soleil un halo ou cercle lumineux très-brillant, dont le diamètre étoit d'environ quarante degrés. Le ciel étoit de toutes parts entièrement exempt de nuages, & il n'y paroissoit aucune vapeur sensible : il falloit cependant qu'il y en eût & même d'assez épaisses, car le soleil étoit obscurci par une espèce de fumée noirâtre & d'une couleur désagréable qui alloit en s'éclaircissant vers la circonférence du cercle, où l'on voyoit les couleurs de l'iris même assez éclatantes, sur-tout vers l'orient & vers l'occident où elles paroissoient presqu'aussi vives que celles d'un véritable arc-en-ciel. (*mém. de l'acad. des sciences an.* 1754). Il y a grande apparence que ce météore dut son existence aux suites d'une évaporation locale, dans une saison où elle est très-abondante dans ce pays coupé de montagnes & de petits vallons humides, dont quelques-uns sont marécageux, & qui, échauffés par la chaleur du jour, avoient répandu dans leur atmosphère une fumée assez abondante pour intercepter les rayons directs du soleil, les réfracter & les réfléchir, de manière à produire ce phénomène.

Ces météores ne sont en aucun endroit plus communs que dans l'Amérique septentrionale, pays froid & naturellement humide. Les Anglois, établis à la baie de Hudson, voient plus souvent le soleil s'élever accompagné d'un halo qu'autrement ; les halos de lune y sont aussi communs. Dans ces climats sauvages, ce spectacle plus brillant encore qu'il ne se présente d'ordinaire en Europe, est une occupation agréable pour des gens qui, après

la chasse & la pêche, & quelques
jours qu'ils donnent au commerce,
trouvent un plaisir varié à s'occuper de ces phénomènes, dans des
tems qu'ils passeroient dans une
triste oisiveté.

Non-seulement on observe le soleil & la lune au travers de ces halos ou couronnes, mais encore les
autres planètes & la plûpart des
étoiles fixes. Ces apparences dépendent constamment de l'état de
notre atmosphère, elles ont différentes grandeurs, & les halos tant
de lune que de soleil ont été observés avoir de diamètre depuis
trois & cinq jusqu'à quatre-vingt
dix degrés; ce qui vient de l'élévation des vapeurs où ils se forment
& de leur épaisseur; en général
moins elles sont hautes plus le
halo paroit grand; on peut même,
en mesurant le diamètre du cercle
de bas en haut, savoir à quelle
hauteur précise elles arrivent. Quant
aux espèces de couronnes qu'on
voit autour des étoiles fixes ou des

planètes, telles que Jupiter ou Vénus, elles ne passent pas cinq degrés de diamètre & sont souvent plus petites, mais elles sont presque toujours sensibles, même lorsque l'air est le moins chargé de vapeurs. On voit donc ces astres dans un cercle lumineux dont l'éclat part du centre, les rayons allant à la circonférence par un mouvement continuel de vibration, qui sert à donner une idée de la manière dont se fait la propagation de la lumière. Plus l'air est pur & le ciel serein, plus ce mouvement est sensible, & le halo n'est alors remarquable que parce que l'atmosphère de nos climats n'est jamais entièrement débarrassée de vapeurs & d'exhalaisons hétérogènes, & qu'il est très-rare qu'on y puisse observer les astres autrement qu'au travers d'un cône obscur & profond dont l'astre est à la pointe. Ce sont ces vapeurs humides dont le mouvement dans l'air occasionne cette scintillation que nous remarquons d'ordinaire dans tous les astres, & qui contrarie si fort les opérations des astronomes. Dans des pays constamment secs, tels que l'Arabie, les environs du golfe Persique, pendant la saison séche ; dans les provinces méridionales de la Perse, l'air est si dépouillé de vapeurs, que l'on y fait les observations astronomiques les plus sûres avec une grande facilité. Aussi n'y voit-on que rarement les couronnes & les halos si fréquens dans les températures habituellement humides.

Au reste ces phénomènes n'indiquent autre chose que l'état actuel de l'air, & d'ordinaire ils n'annoncent pas plus la pluie que le beau tems. Il arrive aussi souvent d'avoir un ciel serein & un soleil brillant le lendemain du jour que les halos ont paru, que de la pluie ou des vents d'orage. Quelques navigateurs ont cru qu'ils préfageoient infailliblement des tempêtes dans les mers de l'Amérique, des Indes orientales, & surtout dans le golfe du Mexique. Dampier a écrit qu'un cercle autour du soleil étoit immanquablement suivi d'une tempête violente (*a*). Mais il est probable que ces observations ont été faites dans les saisons les plus orageuses, où ces météores doivent être plus fréquens que dans les autres. S'il reste quelques doutes sur les causes de la production des couronnes & des halos, ils seront levés par ce que nous allons dire des

---

(*a*) A la hauteur des Isles Nicobar, à l'entrée du golfe Persique, nous eûmes un mauvais présage par un grand cercle qui parut autour du soleil cinq à six fois plus grand que lui, ce qui arrive rarement sans être suivi d'orage ou de beaucoup de pluie. On voit plus souvent ces sortes de cercles autour de la lune, mais les suites n'en sont pas si à craindre. Nous prenons ordinairement bien garde à ceux qui sont autour du soleil, observant s'il n'y a point de brèche au cercle, & en quel endroit elle est ; nous trouvons communément que la plus violente tempête vient de là. *Dampier, voyage autour du monde, tom. 2.*

parélies, météore plus rare, mais plus brillant & plus singulier par la variété de ses formes, & les effets de lumière qu'il présente quelquefois.

§. X.

Parélies.

Le parélie est un météore plus curieux que tous ceux dont nous venons de parler : c'est l'image du soleil imprimé sur un nuage qui reçoit ses rayons, & qui les réfléchit dans le même ordre qu'il les a reçus. Ce nuage, comme un miroir, doit avoir deux parties inégalement modifiées ; l'extérieure transparente & pénétrable aux rayons qui aboutissent directement sur elle ; l'intérieure opaque qui les renvoie tels qu'elle les a reçus. On ne voit ces météores qu'au lever du soleil ou à son coucher, lorsqu'on peut établir une ligne droite

du

du foleil au centre du cercle où fon image eft réfléchie.

Comme le foleil peut avoir en oppofition plufieurs petits nuages qui renvoient également fes rayons, il peut fe former en même tems plufieurs parélies : ainfi l'on vit à Rome en 1629 cinq foleils enfemble; on en vit quatre à Chartres en 1666. On peut comparer l'effet de ces nuages par rapport au foleil, à un verre taillé à facettes égales : (*polyoptrum*) qui multiplie les objets que l'on confidère au travers. Les nuées peuvent de même être difpofées en divers plans égaux fur lefquels l'image du foleil fe peint. Ce météore, ainfi que ceux dont nous venons de parler, eft donc produit par la réfraction de la lumière directe du foleil fur un milieu denfe qui la réfléchit; fi la réfraction eft directe les rayons confervent tout leur éclat primitif; fi elle eft divergente, on voit l'extrémité du cercle teinte des couleurs de l'arc-en-ciel, & la lumière recevoir différentes modifications du corps opaque dans lequel elle se réfracte & se réfléchit.

En 1586 on vit l'image du soleil à son lever également réfléchie sur deux nuages qui l'accompagnoient à droite & à gauche. Ce phénomène se soutint assez long-tems, rendoit la marche du soleil plus majestueuse & redoubloit son éclat.

Il est rare qu'il se forme des pa-rélies, que l'on ne voie autour du soleil une couronne teinte des cou-leurs de l'arc-en-ciel, aux deux ex-trémités extérieures de laquelle se forment d'ordinaire deux parélies; ce qui prouve que les dispositions de l'air & des vapeurs qui y sont répandues, doivent être les mêmes que celles où se forment les halos & l'arc-en-ciel. Si ces vapeurs sont condensées & prêtes à se résoudre en pluie, les couleurs sont pâles & fondues les unes dans les autres; de sorte que la couronne, l'arc en-ciel ou le parélie sont à peine sen-sibles.

Plus les parélies sont brillans &
parfaits, moins ils durent, parce
que le soleil agissant alors directement sur les vapeurs dans lesquelles
ses rayons se réfractent & se réfléchissent, il les dissout promptement ou il les atténue & les raréfie; de manière qu'elles deviennent tout-à-fait transparentes, &
ne font dès-lors plus assez opaques
pour causer aucune réfraction : mais
aussi ces météores ne sont jamais
plus brillans, les couleurs n'en sont
en aucun tems plus vives, que
lorsqu'ils sont le plus près à se dissiper.

On a vu des parélies se former
sous un ciel serein & sans nuages
apparens; mais l'atmosphère étoit
sans doute alors fort chargée de
vapeurs & d'exhalaisons, & au-
dessus d'un sol dont l'évaporation
devoit être très-abondante. On vit
à Chartres le 26 mai 1671, une
heure environ après le lever du
soleil, une couronne brillante autour de cet astre, dans laquelle se

Q ij

formèrent deux parélies éloignés chacun d'environ vingt-trois degrés du soleil. A mesure qu'il s'éleva sur l'horifon, le diamètre de la couronne fe refferra, de forte que les parélies qui reftèrent dans leur première pofition s'en trouvèrent éloignés de quelques degrés. L'un de ces parélies avoit une queue qui s'étendoit à quinze ou vingt degrés au-delà du cercle blanc & lumineux qui les entouroit l'un & l'autre, & fur lequel ces météores paroiffent d'ordinaire appuyés. Cette queue étoit parallèle à l'horifon. Toute la partie de l'atmofphère dans laquelle on voyoit les parélies étoit fous un ciel ferein, bien éclairé par le foleil, dont la lumière étoit feulement interceptée pour quelques inftans par des nuages légers qui paffant au-deffous en diminuoient l'éclat. On les vit pendant quatre heures, jufqu'à ce que le foleil fût tout-à-fait couvert par les nuages qui s'accumulèrent. Une des circonftances de ce phénomène ne nous laisse aucun doute sur la matière qui sert à réfléchir les rayons du soleil, & à former ces météores : cette queue visible dans un des parélies ne marquoit-elle pas la colonne principale, par laquelle s'étoit faite l'élévation des vapeurs, qui portées à une certaine hauteur de l'atmosphère, condensées ensuite & rapprochées par la fraîcheur qui y dominoit, étoient devenues propres à réfléchir les rayons du soleil, assez directement pour rendre son image peinte des mêmes couleurs, mais plus éclatantes que celles de l'arc-en-ciel, & des autres météores de ce genre.

C'est sur-tout au printems qu'on voit le plus communément les parélies, lorsque l'évaporation est la plus abondante, que les vapeurs & les exhalaisons commencent à être plus légères ; que le soleil a déja assez de force, pour les mettre en mouvement & les atténuer, & n'a pas assez d'ardeur pour les dissiper promptement. On les observe particuliérement dans les climats septentrionaux ; & au-dessus des terres humides, ou couvertes de bois taillis, où l'humidité est constante, l'évaporation sensible ; l'atmosphère qui les environne est remplie de vapeurs plus condensées, & alors disposées de manière à rassembler plus aisément les rayons lumineux.

Quand ces météores paroissent plutôt, & que la température de l'air est favorable à leur formation dès le mois de février, il semble qu'ils présentent alors plus de variétés que dans toute autre saison. Les observations que nous allons rapporter à ce sujet étant fort détaillées, elles répandront un nouveau jour sur les principes que nous venons d'établir.

Le 27 février 1721, depuis trois heures après midi jusqu'à quatre, M. Maraldi observa autour du soleil, quatre faux soleils ou parélies ; & d'après cette observation, l'historien de l'académie (*mém.* 1721), explique ce que ces phéno-

mènes ont de commun entr'eux,
& quelles en font les caufes en général.

On voit quelquefois des couronnes autour du foleil ; ce font des
cercles qui ont cet aftre pour centre,
dont l'aire fe fait remarquer par un
certain éclat particulier, dont les
bords ont encore plus de cet éclat,
& font affez fouvent colorés. Le
demi-diamètre de ces couronnes eft
prefque toujours de vingt-deux degrés, ou un peu plus. On en obferve
de pareilles autour de la lune, même
autour des étoiles. Quelquefois les
couronnes ne font que des cercles ;
c'eft-à-dire qu'elles n'ont point cette
aire brillante, mais feulement des
circonférences colorées comme l'arc-
en-ciel, & environ de la même largeur, ainfi que nous en avons rapporté plus d'un exemple. Le plan de
ces cercles, eft quelquefois le même
que celui du difque du foleil ; quelquefois il eft horifontal, & le fpectateur en a une partie devant lui,
& l'autre derrière ; alors leur cir-

conférence paſſe par le ſoleil.

Il peut y avoir en même-tems deux différens cercles, tous deux concentriques au ſoleil & colorés. Dans l'obſervation dont nous rendons compte, il y en avoit deux; mais parce que le ſecond, ou le plus grand avoit un demi diamètre, double de celui du premier & que le ſoleil étoit peu élevé, il ne paroiſſoit que la moitié ſupérieure du ſecond. Quand il y a des parélies, ils ſont ſur ces cercles, & ont leur largeur pour diamètre. Souvent on en voit pluſieurs à la fois. Les uns ſont tout blancs & de couleur argentée, les autres colorés à leurs bords. Ils gardent entr'eux un certain ordre de poſition. Ceux qui ſont de même eſpèce, c'eſt-à-dire, tout blancs ou colorés, ſont aux extrémités d'un même diamètre de leur cercle, ou du moins à égales diſtances d'un même diamètre vertical ou horiſontal. Quelquefois ces parélies ont des queues qui ſont oppoſées au ſoleil, & vont en diminuant depuis le corps du parélie jufqu'à leur extrémité, qui fe termine en pointe. Elles font communément ondoyantes & agitées : nous avons dit plus haut ce qui pouvoit en occafionner l'apparence.

Aux cercles concentriques au foleil, & qui font dans le même plan, il fe joint quelquefois un arc d'un autre cercle qui s'adoffe aux premiers, en touchant ou en coupant un peu leur convexité par la fienne. Dans l'obfervation de M. Maraldi, chacun des deux cercles concentriques au foleil avoit un arc adoffé. Quand les cercles font horifontaux, & que leur circonférence paffe par le foleil, il y a quelquefois un ou deux cercles plus petits, verticaux & concentriques au foleil qui coupent le cercle principal. Dans tous les cas que nous venons de rapporter, à toutes les interfections, ou points d'attouchement des cercles, il y a des parélies.

Quelquefois la continuité des cercles paroît interrompue, ainfi qu'il arrive à l'arc-en-ciel, aux halos ou couronnes, par les mêmes causes dont nous avons rendu compte ; mais l'œil du spectateur supplée aisément à ce qui manque au contour de la figure, & juge de ses causes & de son effet à-peu-près comme s'il la voyoit entière : d'autant mieux qu'il arrive assez souvent qu'elle se rétablisse dans les parties où elle n'étoit pas sensible, & qu'elle disparoisse dans celles où la lumière & les couleurs étoient d'abord les plus vives.

Voilà quelles sont les principales circonstances de ces phénomènes : outre les principes généraux de leur explication que nous avons déja posés, on peut ajouter que la différence qui se trouve entr'eux & les arcs-en-ciel est, 1°. que le phénomène de l'arc-en-ciel ou le spectateur est placé entre le soleil & la pluie ou le nuage sur lequel se fait l'apparence, est fort différent de celui des couronnes, & des parélies qui sont toujours du côté du soleil,

non-seulement par rapport à la position, mais à raison d'autres circonstances qui seront détaillées;
quoiqu'il y ait toujours entr'eux
quelque conformité d'origine; les
couleurs qui brillent dans les uns
& dans les autres étant également
produites par des rayons qui ayant
rencontré quelque corps opaque
l'ont pénétré, & sont venus à l'œil
après s'être rompus puisqu'il faut
toujours une ombre parfaite ou imparfaite, pour faire paroître les
couleurs produites par les réfrac-
rions. 2°. Les couleurs des parélies demandent d'autres matières
réfractives, que l'arc-en-ciel, &
dans ces matières, différentes figures & différentes positions. M.
Huighens a cru en donner une explication satisfaisante dans le systême géométrique & physique qu'il
a fait sur tous ces météores : nous
en avons déja dit quelque chose
relativement à l'état des vapeurs
répandues dans l'atmosphère, & sur
lesquelles se forment les couronnes
& les halos. Q vj

Il suppose de petits globules, dont la partie intérieure soit dense comme de la neige, & l'extérieure liquéfiée à-peu-près comme la pluie. La partie dense empêchera le passage des rayons, & de-là viendra l'ombre nécessaire ; & la partie plus liquide transmettra les rayons à l'œil, après qu'ils auront souffert deux réfractions qui les auront colorés. Dans ce système le diamètre des couronnes dépend du rapport de la partie dense du globule à la partie liquide ou moins dense. La première ou le noyau du globule fait l'aire de la couronne, & l'autre en fait les bords colorés : l'éclat de l'aire ou la partie voisine du phéno-mène simplement lumineux, vient des rayons qui n'ont pas laissé de traverser les noyaux ou les inter-valles qui se trouvent entre les glo-bules, mais sans réfractions régu-lières telles qu'il les faut pour sé-parer & démêler les couleurs. Ne seroit-il pas possible de supposer encore que cette apparence lumi-

neufe eft la réflexion fimple d'une lumière plus vive qui produit les couleurs, & qui paroît fur les vapeurs
qui entourent le cercle coloré, à une
diftance égale, parce que la force de
la réflexion eft par-tout la même?

Pour rendre raifon des parélies
& de leurs apparences fingulières,
M. Huighens a fuppofé de petits
cylindres formés de même matière
que les globules, ayant un noyau
cylindrique plus opaque que le
refte; il les donne comme autant
de petites flèches glacées cylindriques, minces, fufpendues en l'air,
directement de bas en haut & de
haut en bas, contiguës. Dès-lors il
eft conftant que tous ces corpufcules
réunis doivent intercepter une
partie de la lumière du foleil, la
rendre moins vive que lorfque le
tems eft ferein, en un mot telle
qu'on l'obferve toujours quand il
y a des parélies. Au moyen de cette
hypothèfe que l'on fuppofe comme
généralement admife, & des pofi-

tions différentes, horifontales ou verticales dont ces petits corps glacés font capables, on pourra rendre raifon de toutes les variétés de ces phénomènes.

Ces petites flèches glaciales ne font point imaginaires, Midleton & Ellis les ont obfervées dans l'Amérique feptentrionale; elles font fenfibles à la vue, ont des effets marqués dont nous avons rendu compte dans la théorie générale de l'air : elles fe trouvent donc naturellement dans notre atmofphère, elles peuvent produire l'apparence des phénomènes dont nous parlons.

Huighens pour donner à cette hypothèfe toute la vraifemblance dont elle eft fufceptible, en fit faire d'artificielles qu'il fufpendit en l'air, & au moyen defquelles parurent quelques traces des météores qu'il prétendoit expliquer par leur moyen. Cependant on lui difputa la réalité du noyau blanc & opaque, fur ce que les voyageurs au nord

avoient vu les flèches glaciales tout-
à-fait transparentes : mais l'inventeur des cylindres suspendus défen-
doit son hypothèse , en ce que
d'ordinaire après que ces météores
avoient disparu , il commençoit
aussi-tôt à pleuvoir ou à neiger, à
moins qu'un vent de nord plus sec
& plus froid n'emportât au loin les
vapeurs, & ne rendît à l'air une
entière sérénité. Les pluies glacées
que l'on observoit quelque tems
après ces apparences lumineuses ,
étoient encore une preuve de la
vérité du systême. Une observation , dit M. Maraldi, semble donner quelque poids à cette hypothèse : la nuit du premier mars 1721 ,
deux jours après l'apparence des
parélies du 27 février précédent ,
nous vîmes un grand nombre de
glaçons longs & minces qui tomboient mêlés à terre avec un peu
de pluie ; mais nous ne pûmes pas
examiner plus particuliérement leur
figure à cause qu'ils se fondoient
en eau presque aussi-tôt qu'ils étoient

tombés. Il n'étoit pas étonnant que dans la neige fondue qui étoit la matière de cette pluie, on trouvât des petits glaçons, que diverses expériences apprennent, se former souvent à une hauteur médiocre, tandis que dans les régions supérieures de l'atmosphère il règne en même-tems une température plus douce, sur-tout s'il y a deux vents. Il est vrai que cette agitation de l'air n'est pas une disposition favorable à l'apparence des météores dont nous parlons : mais comme ils se montrent d'ordinaire par une température moyenne, lorsque les vapeurs commencent à être en dissolution, & que la pluie ou la neige sont prêtes à tomber, il ne s'ensuit pas, de l'hypothèse de Huighens, ni des observations que l'on cite pour la confirmer, que les parélies & les halos soient toujours formés sur des matières glacées.

On lit dans les mémoires de l'académie des sciences, (*an.* 1735, *pag.* 95.) que depuis le 15 janvier

jufqu'au 8 novembre, M. du Fay
compta vingt-fept de ces météores
qu'on peut nommer des parélies
incomplets : or la difpofition de
l'air & fa température furent-elles
toujours affez égales pour que les
vapeurs fuffent modifiées de même;
& peut-on croire que dans toutes
les faifons l'atmofphère foit toujours également chargée de glaçons,
fur-tout à la hauteur moyenne où
fe forment ces météores? Il y eut
fouvent dans le cours de cette
même année (1735) plufieurs jours
de fuite, où le ciel étoit tellement
couvert de nuages, qu'il ne fe pouvoit former aucune de ces apparences.

Un ciel très-ferein & trop dénué
de vapeurs, n'y eft pas plus propre
que lorfqu'il eft couvert; & il paroît conftant par l'obfervation,
qu'on ne doit s'attendre à avoir de
ces météores, foit complets, foit
incomplets, que lorfque le ciel eft
rempli de ces nuages rares, qui ne
couvrent point le foleil, mais ne

font qu'un peu affoiblir fes rayons
& fur-tout lorfque cet aftre approche de l'horifon, parce qu'il s'y
trouve une plus grande abondance
des vapeurs propres à produire les
réflexions & les réfractions nécef-
faires. Il eft vrai que quelquefois
ces vapeurs font tellement répandues par-tout, que l'on voit de ces
cercles colorés autour du foleil
quoiqu'il foit à fa plus grande hauteur; mais il eft fi néceffaire que
le ciel foit embrumé de la manière
que nous venons de le dire, que
toutes les fois que l'on remarque
cette difpofition de l'air bien établie, il eft rare que l'on n'apperçoive pas quelques portions de halos
ou de cercles colorés, plus ou moins
étendues, & plus ou moins diftinctes, fuivant l'inégalité de diftribu-
tion des nuages autour du foleil.

Cette théorie a été reconnue des
plus anciens obfervateurs. Ariftote,
(*l. 3. des météores, ch. 2.*) dit que
les fauffes images du foleil paroiffent ordinairement à fon lever &

à son coucher, mais rarement à son
zénith, quoique de son tems on
eût observé ce phénomène sur le bos-
phore; & cette exception à la regle
générale a eu lieu plus d'une fois
dans la suite des siècles qui se sont
écoulés depuis. Pline, (*hist. nat. l.*
2. c. 31.) rapporte qu'on a vu plusieurs de ces météores durer depuis
le lever du soleil jusqu'à son coucher : il indique les consuls sous
lesquels on les observa; on en vit
même un de cette espèce sous le
règne de l'empereur Claude : mais
par toutes les observations recueil-
lies jusqu'à son tems, dont il eut
connoissance, on n'avoit jamais vu
plus de trois parélies ou faux soleils
en meme-tems. Il n'est pas rare
d'en voir dans l'Amérique méridionale qui subsistent plusieurs
jours, tant que le soleil est sur
l'horison, ce qui dépend d'une
constitution particulière de l'air
propre à ces régions, où il est d'une
densité constante dans la plusgrande
partie de l'année, sur-tout lorsque

l'évaporation est moyenne , & que l'obscurité n'est pas assez grande pour intercepter la vue du soleil & l'effet entier de sa lumière. On en a vu quelques-uns dans notre hémisphère & dans notre zone , qui ont duré plusieurs heures de suite , quoique le soleil fût à différentes hauteurs.

Le 16 mai 1743 , vers les sept heures & demie du matin , on observa à Reims un parélie très-marqué. C'étoit un grand cercle lumineux & coloré dont le soleil occupoit le centre , & dont le diamètre avoit environ quarante degrés de longueur , la largeur de son limbe pouvoit être de deux degrés. Une bande colorée & aussi lumineuse que le limbe , dirigée d'orient en occident , & d'environ un demi degré moins large en formoit le diamètre , & passoit par conséquent par son centre & par le soleil. Aux deux extrémités de ce diamètre , étoient deux petits soleils assez mal formés , de figure ovale , & éloignés du cercle de près d'un degré : la vivacité de leur lumière alloit jusqu'à ne pouvoir être regardée fixement. Les rayons qui en partoient étoient en plus grande quantité, ou plus denses que ceux du limbe lumineux, & dans celui de ces deux faux soleils, qui étoit vers l'orient, ils s'étendoient plus loin qu'ils ne faisoient dans son pareil, vers le côté opposé. Leur diamètre apparent n'étoit guère que le tiers de celui du véritable soleil. Vers le bord supérieur & septentrional du limbe du cercle, on voyoit une bande parallèle à la précédente, de même couleur & de même largeur vers son milieu, mais les extrémités se terminoient un peu en fuseau. C'étoit quant à sa longueur comme une tangente de trente degrés, sur le milieu d'un arc. Le ciel étoit serein excepté vers l'orient, où il y avoit quelques nuages, & le parélie subsista jusqu'environ dix heures.

Ces bandes & ces traînées de lumière, dont il vient d'être parlé, font la partie du phénomène où les différens observateurs semblent le plus varier entr'eux par la manière dont ils les décrivent. Dans tous les parélies qu'ils rapportent, ces bandes font presque toujours formées, ou par les queues des faux soleils, lefquelles s'étendent en ligne droite de part & d'autre, & femble les joindre au véritable, comme ici peut-être dans la bande diamétrale; de forte qu'ils ne paroiffent qu'une continuation, ou, fi l'on veut, un écoulement de fa lumière, ou par l'arc tronqué de quelqu'autre limbe beaucoup plus grand & qui joint les trois foleils, ou par le fragment d'un cercle qui touche celui qui a le foleil pour centre, comme pourroit être encore ici cette efpèce de tangente de trente degrés.

Les apparences variées de ces météores, les accidens qui s'y trouvent, & qui y font voir des proportions & souvent des figures différentes, à les bien considérer dans leurs causes & leurs effets, ne sont cependant que la même opération, ou, si l'on veut, le même jeu de la nature, aussi-bien que l'arc-en-ciel tel qu'il se présente à nos yeux. Ce qui fait que les parélies semblent si différens entr'eux, c'est qu'il manque des parties à quelques-uns par le défaut des matières réfringentes ou réfléchissantes, ou parce qu'elles sont différemment modifiées, ou parce que les couleurs y sont foibles & obscurcies par d'autres endroits voisins trop éclairés, ou parce que dans des parties douteuses l'observation n'a pas été faite exactement ; ce qui dépend encore de la position où se trouve l'observateur, relativement à des objets intermédiaires, soit fixes, soit passagers, qui peuvent occasionner dans l'air une condensation ou une raréfaction locale. Au reste, dans ces phénomènes, l'ordre, la grandeur, la disposition des parties gardent assez d'uniformité ; il n'y a guère que le nombre qui varie, & si l'on avoit sûrement le plus complet de ces météores qu'il soit possible, il les représenteroit tous, & on les étudieroit tous dans un seul.

Quant aux parélies blancs qui se trouvent toujours à l'intersection des deux cercles ou arcs, ils ne tiennent point leur blancheur comme on pourroit le croire, de ce que les couleurs de deux arcs-en-ciel qui se coupoient en ces endroits se sont confondues. Car si on fait tomber l'une sur l'autre deux images colorées du soleil produites par deux prismes différens qui donnent les véritables couleurs de l'arc-en-ciel, il ne résulte jamais du blanc de cette complication de lumière & de rayons colorés ; ainsi ces sortes de parélies doivent être produits par de simples réflexions de lumière qui ne donnent jamais de couleurs. (*v. les mém. de l'acad. des sciences, ann.* 1721 *&* 1743).

Il faut remarquer encore que ces phénomènes

phénomènes ne font pas vifibles en même tems dans des lieux de la terre un peu éloignés l'un de l'autre, mais feulement dans un canton particulier : ce qui marque qu'ils font fort proches de la terre, & à peu près à l'élévation des halos & des couronnes : dont la diftance mefurée a toujours prouvé qu'ils fe formoient dans la région inférieure de l'atmofphère. Muffenbroek (§. 2460.) dit précifément qu'il eft rare qu'on puiffe obferver les parélies en même tems de deux endroits, quoiqu'à peu de diftance l'un de l'autre. On ne vit point à Utrecht ceux qui parurent à Harlem le 22 février 1734. On n'obferva pas non plus à Utrecht les deux parafélènes qui fe firent voir avec leurs cercles le 12 mars de la même année à Catwyk, Leyde & Koudekerk.

Muffenbroek obferva à Leyde le 18 octobre 1753, un parélie qui dura depuis huit heures du matin jufqu'à dix heures & un quart. Il étoit situé à la partie occidentale du soleil & à la même hauteur que cet astre qui étoit alors de dix-huit degrés sur l'horison ; il parut ensuite s'élever un peu plus, il n'étoit éloigné du soleil que d'environ trente degrés. La lumière que rendoit ce parélie étoit assez sombre & semblable à celle du soleil que l'on voit à travers les nuages. Il paroissoit avoir le même diamètre que cet astre, quoiqu'il fût assez mal terminé ; de chaque côté du faux soleil partoit une queue lumineuse parallèle à l'horison, & qui s'étendoit dans la longueur d'environ vingt-cinq degrés : l'une & l'autre étoient tout-à-fait blanches & très-éclairées à leur origine ; mais la lumière alloit toujours en diminuant jusqu'aux extrémités où elles étoient à peine visibles ; elles se terminoient en pointe & se perdoient dans les nuages. Il partoit encore du faux soleil une troisième queue lumineuse qui s'élevoit verticalement ; elle étoit plus large

que les autres, & avoit environ
douze degrés de longueur. Ne fai-
soit-elle point portion de quelque
arc, dit Muffenbroeck (§ 2457)?
C'eft ce que je ne puis affurer :
mais l'on y voyoit toutes les couleurs
de l'arc-en-ciel très-vives & bien
diftinguées : la couleur rouge tournée du côté du foleil & le violet à
l'oppofite. Les couleurs de cette
queue s'affoiblirent affez promptement, & ne laifsèrent qu'une trace
blanche & éclairée qui marquoit
toujours la place qu'elle avoit occupé.

Dans le même tems il paroiffoit
à quarante-fept degrés au-delà du
foleil, un arc lumineux d'environ
quatre-vingt dix degrés, qui avoit
pour centre le zénith de l'obfervateur, dont la convexité étoit tournée du côté du foleil, qui avoit la
largeur & les couleurs ordinaires
d'un arc-en-ciel très-brillantes &
très-marquées, le rouge tourné vers
le foleil, & le violet vers la partie
intérieure de ce même arc qui ré-

pondoit à son centre. L'air, pendant la durée de ce phénomène, n'étoit pas absolument serein, on y remarquoit un brouillard clair & quelques petits nuages blancs : on ne sentoit alors aucun vent, mais l'après-midi il s'éleva un vent de sud ouest qui devint très-violent pendant la nuit. (*v. les mém. de l'acad. des sciences, ann.* 1733.)

Les différentes apparences de ce phénomène, les dispositions de l'air qui se soutinrent dans le même état, prouvent qu'effectivement l'atmosphère étoit assez tranquille, au moins dans sa partie inférieure; mais le changement de couleur rapporté dans l'observation, indique un changement de modification dans la masse des vapeurs, sur lesquelles se faisoient la réflexion & la réfraction des rayons lumineux, & dès-lors suppose quelques mouvemens qui se faisoient plus haut, occasionnés soit par l'action du soleil, soit par des petits vents locaux très-legers, mais capables de

condenser les vapeurs ou de les ra-
réfier. On sait, par une longue suite
d'observations faites dans tous les
climats connus, que ces petits vents
en annoncent de plus forts, & peut-
être contribuent-ils avec le soleil à
la formation des parélies & à leurs
variations. On ne peut pas même
conclure du calme qui règne à la
surface de la terre, qu'il soit le
même plus haut dans l'atmosphère :
les changemens qui s'y font, que
les phénomènes dont nous parlons
rendent sensibles, indiquent quelque mouvement local. Les nuages
qui deviennent plus obscurs, &
qui en se répandant agissent sur la
colonne de l'air, en déterminent
le mouvement ; & si les mêmes
phénomènes se renouvellent ou se
continuent, c'est sur une autre matière modifiée sans doute de la
même façon, & qu'il est bien difficile de croire toujours glacée malgré tous les changemens qui arrivent
dans la masse de l'air. Il est vrai
que Descartes a prétendu que tous

les nuages en général étoient composés d'une matière glacée : nous
avons dit plus haut ce que nous en
penfions, & une multitude d'obfervations que ce célèbre philofophe n'avoit pu faire, nous apprennent pofitivement le contraire.
Qu'en conclure? finon que, comme
il eft démontré que les vapeurs fur
lefquelles fe forme l'arc-en-ciel ne
font pas ordinairement des petits
cylindres glacés, les vapeurs fur
lefquelles paroiffent les parélies,
font de même qualité que celles
qui donnent l'apparence de l'arc-
en-ciel ; c'eft le réfultat le plus naturel de toutes les obfervations que
nous avons rapportées jufqu'à préfent. Sans doute encore que l'origine de ces météores différens eft
la même à bien des égards, & fi
les parélies nous occupent plus que
l'arc-en-ciel, c'eft qu'ils ne font
pas communs, ou que leur caufe
eft plus éloignée de nos regards.
Souvent on peut s'affurer à la vue
de la figure qu'ont les vapeurs raf-

femblées dans l'air au moment de la formation de l'arc-en-ciel : on peut même les toucher, pénétrer dans leur maffe ; on n'en a jamais pû faire autant pour les parélies : il a donc fallu imaginer quelle pouvoit être la difpofition & la figure des vapeurs & des nuages fur lefquels on les obfervoit. Ces phénomènes font plus compofés, & on a fuppofé différentes modifications de la matière qui répondiffent aux variétés qu'ils préfentent : il ne refte qu'à juger fi l'on en a trouvé une qui convînt à tous les climats & à toutes les faifons, au moyen de laquelle on puiffe expliquer les variétés de ces apparences. Si ce que nous penfons à ce fujet peut être compté pour quelque chofe, il nous paroît vraifemblable que, comme les apparences font à peu près les mêmes dans tous les lieux où ces phénomènes ont été obfervés, ils peuvent paroître fur des matières différemment modifiées, glacées ou fluides, pourvu qu'elles foient disposées de façon à réfracter & à réfléchir les rayons de la lumière, ou du moins à les réfléchir.

§. XI.

Trois soleils perpendiculaires & autres phénomènes de cette espèce.

Tous les phénomènes dont nous avons parlé jusqu'ici ont quelque ressemblance avec ceux que l'on voit ordinairement, & dont les observations des siècles les plus reculés, comme celles faites de notre tems, nous assurent l'existence. Mais il y en a peu d'aussi singuliers que celui que M. Cassini observa le 18 janvier 1693, au lever du soleil. (*Voy. les mém. de l'acad. des scien. tom.* 10 *, pag.* 159.)

Le ciel étoit alors couvert de nuages à l'orient, à la réserve de l'endroit de l'horison où le soleil devoit se lever, qui étoit découvert jusqu'à la hauteur d'un degré ou un

peu moins. A 7 heures & 38 minutes du matin, on apperçut d'a-
bord en cet endroit une lumière
éclatante, qui étoit de la largeur
du diamètre apparent du foleil, &
qui s'élevoit perpendiculairement
jufqu'aux nuages : enfuite on vit
paroître dans cette lumière, entre
des brouillards éclairés, l'image
du difque entier du foleil, d'où
fortoient des rayons perpendiculaires à l'horifon, qui alloient finir
en pointe à la hauteur de dix degrés. M. Caffini qui d'abord avoit
pris ce premier phénomène pour
le foleil, fut furpris de voir à l'horifon le bord fupérieur du véritable
foleil, auffi brillant qu'il eft ordinairement quand le teins eft ferein.
Cet éclat le fit bientôt diftinguer
du faux foleil, qui paroiffoit encore tout entier au-deffus de la
même ligne verticale, de la même
grandeur, & de la même figure
que le vrai foleil, qui éclairoit les
nuages par fes rayons perpendiculaires.

R v

Peu après le véritable soleil s'é-
tant caché presque tout entier dans
les nuages, M. Cassini fut encore
plus surpris de voir au-dessous un
troisième soleil de la même grandeur que le premier, de la même
figure & dans la même ligne verticale. Ce dernier soleil avoit au-
dessous de lui une traînée de lumière qui ressembloit à celle que
le premier avoit au-dessus, &
qui s'élevoit de l'horison. Cependant le premier faux soleil paroissoit encore, mais ses rayons
perpendiculaires commençoient à
s'affoiblir & à se racourcir; enfin
l'un & l'autre s'effaçant peu à peu,
ils disparurent entièrement tous
deux à 7 heures 58 minutes. Aucune
observation ne nous apprend que
l'on ait jamais vu de parélies aussi
proches du soleil que les deux dont
il est question ici, qui n'en étoient
éloignés que de trente-quatre minutes environ, un peu plus d'un
demi-degré, au lieu que les centres
des parélies ordinaires sont le plus

communément éloignés de vingt-
deux degrés & demi, de quarante-
cinq & même de quatre-vingt-dix.
Comme ce phénomène est très-
rare, il faut que les causes qui con-
courent à le former ne se rencontrent que rarement : on ne les as-
signera donc pas, & on se conten-
tera d'établir une hypothèse qui
puisse aider les observateurs, & les
assurer sur les conjectures qu'ils
peuvent former à ce sujet.

Les parélies ordinaires se font
par la réfraction & la réflexion des
rayons du soleil, ceux-ci sembloient
formés par la réflexion seule : ils
n'avoient aucune diversité de couleurs : ils étoient aussi bien termi-
nés que le soleil même quand il
est à l'horison : ils étoient de la
figure & de la grandeur de l'astre,
seulement un peu plus pâles. Il faut
donc chercher dans l'air des corps
qui soient capables de réfléchir les
rayons, des vapeurs modifiées de
manière à faciliter ces apparences.
On peut supposer 1º. que lorsque

ces météores parurent, l'air étant très-froid, il s'y trouvoit quantité de feuilles de glace fort unies, plates & minces, dont les furfaces étoient parallèles, tout de même que font les feuilles de glace qui compofent fouvent les petits flocons de neige lorfqu'elle tombe en étoiles, & qui étant couchées les unes fur les autres, forment les grains de gelée blanche, comme on le voit à l'aide du microfcope. 2°. Plufieurs de ces feuilles étoient inclinées vers les rayons du foleil qui venoient à l'œil du fpectateur, & les unes étoient plus inclinées de dix fept minutes que les autres; ces dix-fept minutes étant la moitié de la diftance apparente entre le centre du foleil & ceux des parélies. 3°. Le rayon central du foleil, qui peut fe divifer en des rayons plus foibles, rencontrant obliquement une de ces feuilles, fe partageoit en deux autres rayons, dont l'un paffoit au travers de la feuille de glace fans fe détourner fenfible-

ment, par les deux réfractions faites dans ses surfaces peu éloignées
l'une de l'autre, & venant jusqu'à
l'œil du spectateur, lui représen-
toit le centre du vrai soleil, tandis
que l'autre rayon se réfléchissant
faisoit l'angle de réflexion égal à
celui d'incidence, suivant la loi
ordinaire des réflexions. 4°. Ce
rayon réfléchi rencontroit quelques-unes de ces autres feuilles de
glace inclinées de dix-sept minutes
vers la première du côté de l'œil
du spectateur ; de - là il étoit
réfléchi vers le rayon direct conti-
nué vers l'œil, & il faisoit avec
ce rayon un angle de trente-quatre
minutes, double de l'inclinaison
mutuelle des feuilles de glace. 5°.
Enfin, quelques-unes de ces feuilles
de glace étoient à une telle distance
des autres, que ce même angle de
trente-quatre minutes se faisoit à
l'œil du spectateur : ainsi ce rayon
réfléchi deux fois, faisoit voir dans
la seconde feuille de glace le centre
du parélie, éloigné de trente-qua-

tre minutes du centre du soleil, conformément à l'obfervation.

Il faut convenir que cette hypotèfe, dans la faifon, & à l'heure de l'obfervation rapportée, paroit établie fur l'état même où devoient être les vapeurs répandues à l'horifon, fur lefquelles fe formèrent les météores finguliers dont nous venons de parler. Ces difpofitions ne font pas fréquentes dans nos climats, parce qu'il eft rare que, dans un air épais & condenfé, tel qu'il eft ordinairement en hiver, on jouiffe d'un ciel affez ferein pour faire des obfervations exactes. Ces phénomènes devroient être plus communs dans les terres polaires, lorfque le froid y eft fi rude, la terre fi refferrée, que l'évaporation étant en quelque forte tout-à-fait arrêtée, & la plus grande quantité des vapeurs difperfées dans l'atmofphère étant retombées par leur propre poids à la furface de la terre, laiffent briller de tout leur éclat les longs crépufcules qui précèdent le retour du soleil. Il s'y forme des apparences de cette espèce qui présentent l'image du disque du soleil, quelquefois entière hors de l'horison, quelquefois partagée par l'horison même. Elles font illusion à ces malheureux navigateurs qui, ne comptant pas sur un retour si prochain de cet astre bienfaisant après lequel ils soupirent, croient que l'auteur de la nature fait un prodige pour abréger le tems de leurs souffrances. Ils jouissent quelquefois deux ou trois jours de suite de cette apparence trompeuse : l'air change de disposition, le faux soleil ne paroit plus, ils sont dans l'étonnement & l'inquiétude jusqu'à ce que le retour réel & reglé du vrai soleil, & sa hauteur qui augmente chaque jour, ne les persuade que l'astre qu'ils attendent renaît en quelque sorte pour eux. Il n'est pas douteux que les feuilles de glace supposées dans l'air à peu de distance de l'horison, ne soient trèscapables de donner lieu à l'existence de ce phénomène qui eft un véritable parélie : le froid énorme qui règne dans ces climats affreux, ne permet pas de concevoir les vapeurs répandues dans l'air, autrement modifiées. Mais comment fe perfuader que dans la plus belle faifon, à la fin du printems, à plus de quarante-cinq degrés du pole, les parélies qui fe forment dans les climats les plus doux de l'Europe, foient repréfentés fur des feuilles de glace réunies en affez grande quantité dans une atmofphère déja fort échauffée ? c'eft cependant à cette caufe que l'on attribuoit l'apparence du phénomène que nous allons rapporter.

Le 13 mai 1699, entre neuf & dix heures du matin, le ciel donna à Marfeille un affez beau fpectacle; un grand cercle blanc & vivement marqué, de foixante-neuf degrés de diamètre, paffant fur le centre du foleil, s'étendoit fur des nuées ou des vapeurs parallèlement à l'horifon, ayant fon centre dans une

ligne perpendiculaire tirée du zénith. Un autre cercle de vingt-deux
degrés ou environ couronnoit le
foleil, & a oit le même centre.
Dans les deux points où cette couronne & le cercle horifontal fe coupoient, M. Chazelles vit deux parélies mais foibles, & le P. Feuillée
qui obferva auffi ce météore à Marfeille, en vit encore quelques-au-
tres mal formés au-delà des interfections, & à diverfes reprifes. Ce
phénomène dura en tout près de
deux heures & demie. On dit alors
à ce fujet, & on a répété depuis,
que ce font une infinité de petites
parcelles de glace flottantes dans
l'air, qui caufent ces apparences;
elles multiplient le foleil, foit en
rompant fes rayons & le faifant paroître où il n'eft point, foit en le
réfléchiffant comme des miroirs.
(*Voy. les mém. de l'acad. des fcien.
an.* 1699. *hift. pag.* 31.)

Nous n'ajouterons rien à ce que
nous en avons dit plus haut, finon
qu'il eft difficile que le même phé-

nomène ſoit produit par une cauſe uniforme à toutes les latitudes & dans toutes les ſaiſons : il eſt plus naturel de penſer qu'en hiver même les rayons du ſoleil frappant ces particules glaciales, les fondent & les réduiſent en gouttes fort atténuées, telles que ſont celles ſur leſquelles ſe forment d'ordinaire les arcs-en-ciel & les halos.

Le phénomène ſingulier que M. Caſſini obſerva le 18 janvier 1693, avoit été précédé d'un autre dans lequel il ne parut que deux ſoleils, le véritable & ſon image très-bien réfléchie. On le vit le 5 février 1674 à Marienbourg en Pruſſe, au coucher du ſoleil. Cet aſtre paroiſſoit dans un ciel aſſez ſerein partout ; il étoit encore à quelques degrés au deſſus de l'horiſon, brilloit beaucoup & dardoit de longues traînées d'une lumière rougeâtre, qui s'étendoient juſqu'à quarante ou cinquante degrés, en ſe dirigeant vers le zénith.

Au-deſſous du ſoleil, entre cet

aftre & l'horifon, étoit un petit nuage foible de couleur, fous lequel on voyoit un faux foleil, dont le diamètre apparent étoit le même que celui du véritable. Ce faux foleil fe trouvoit dans le même vertical, & fa couleur étoit d'abord affez rouge, mais à mefure que le vrai foleil defcendoit vers l'horifon & s'approchoit du nuage, la lumière du parélie devenoit plus éclatante & plus femblable à celle du vrai foleil, ce qui ne fit qu'augmenter jufqu'à ce que le foleil fe confondit avec fon image, & qu'on ne vit plus qu'un feul difque. Ce phénomène fut extraordinaire en ce que le faux foleil ne parut point à côté du véritable, & fur les bords d'un cercle coloré à quelque point d'interfection d'une bande lumineufe & d'un autre cercle, comme il arrive dans les parélies ordinaires, mais perpendiculairement au-deffous. Il étoit encore remarquable par fon éclat étonnant, fur lequel les regards ne pouvoient pas plus fe fixer que sur le vrai soleil. La queue lumineuse qui en partoit pour s'élever au zénith, étoit beaucoup plus brillante que ne le sont ordinairement ces sortes de météores, ce que l'on ne pouvoit attribuer qu'à la disposition actuelle de l'air & à la quantité de particules nitreuses très-atténuées qui y étoient répandues, & qui contribuèrent à la forte gelée qui suivit de près & dura jusqu'au 25 de mars. Pendant tout ce tems le golfe de Dantzick fut glacé depuis cette ville jusqu'à Hola dans la mer Baltique. (*Voy. les transact. philosoph. an.* 1674. *n.* 102.)

M. de Malezieu observa à Sceaux le soir du 24 octobre 1722, trois soleils les uns au-dessus des autres dans une même ligne verticale. Ces trois images bien terminées se touchoient les unes les autres. Le véritable soleil étoit au milieu & celui qui étoit au-dessous atteignoit l'horison ; ils disparurent tous les trois dans l'ordre où ils étoient placés, & en se suivant. Lorsque celui qui étoit le plus élevé demeura seul, sa lumière n'étoit pas moins vive que celle du véritable soleil. Un vent de nord souffloit pendant l'apparence de ce phénomène, & l'air étoit très-froid ; le village de Sceaux, le château & la campagne voisine furent alors éclairés d'une lumière fort rouge, qui parut très-extraordinaire à ceux qui ne virent point le phénomène, que l'on ne pouvoit observer que dans le voisinage de l'église.

M. Bouguer a vu plusieurs fois sur les montagnes du Pérou deux soleils dans le même vertical, qui se touchoient & descendoient également vîte ; celui du dessus suivoit immédiatement celui du dessous, & qui passoit sous l'horison, la lumière du soleil inférieur étoit moins vive quoique son disque fût aussi bien terminé que celui du soleil supérieur.

En rapprochant les différentes observations les unes des autres,

on ne voit point de caufe plus propre à établir dans l'air les difpofitions favorables à la production de
ces météores brillans que les exhalaifons nitreufes répandues accidentellement dans l'atmofphère; elles
doivent donner aux vapeurs aqueufes la folidité néceffaire pour réfléchir les rayons lumineux fans les
rendre trop obfcures. Il eft conftant
que la neige envoie en l'air une
grande quantité de ces exhalaifons
par l'évaporation qui lui eft particulière, & c'eft probablement ce
qui rend les parélies fi communs
au-deffus des terres qui en font
habituellement couvertes, comme
le font les montagnes du Pérou,
les régions de l'Amérique feptentrionale, & les pays voifins des
poles, où l'on a fait quelques obfervations. Ce ne doivent point
être ces flèches glaciales, vues par
M. Ellis, à la baie de Hudfon,
elles font trop pefantes pour s'élever fi haut, le nitre de la neige
contribue fans doute à leur forma-

tion. Mais des exhalaisons de la même matière plus atténuées, doivent être portées à une plus grande hauteur, se mêler aux vapeurs déja fort épaisses répandues dans l'atmosphère, & y produire les parélies fréquens que l'on y observe. On en voit, disent les voyageurs au nord, jusqu'à six à la fois, spectacle fort surprenant pour un Européen. Le soleil ne se lève & ne se couche point sans un grand cône de lumière qui s'élève perpendiculairement au-dessus de son disque (phénomène que l'on observe souvent dans l'Allemagne septentrionale,) & ce cône n'a pas plutôt disparu avec le soleil couchant, que l'aurore boréale en prend la place, & lance sur l'hémisphère mille rayons lumineux avec des couleurs variées. Lorsque nous parlerons plus bas de l'aurore boréale, nous verrons que les matières nitreuses & sulphureuses contribuent presque seules à sa formation, lorsqu'elles sont très-élevées, & dès-lors plus atténuées qu'elles ne doivent l'être dans la région inférieure de l'atmosphère, où elles font mêlées avec une trop grande quantité de vapeurs aqueuses pour produire aucun effet aussi brillant.

Lorsque la rigueur du froid vient à se tempérer, c'est alors que l'on voit dans ces régions des parélies bien plus éclatans que ceux que nous observons dans nos climats. En 1596, le 2 de juin, à la hauteur de soixante-neuf degrés vingt-quatre minutes, les Hollandois eurent un spectacle des plus curieux en ce genre, à dix heures & demie du matin : le soleil avoit de chaque côté un parélie, & ces trois soleils étoient traversés par un arc-en-ciel. On voyoit en même-tems deux autres arcs-en-ciel, l'un qui entouroit les soleils, l'autre qui traversoit la rondeur du vrai soleil, dont la partie la plus basse étoit élevée de vingt-huit degrés sur l'horison, Ces régions étoient alors encore couvertes de neiges & de glaces.

A

A la fin du mois d'août 1653, sur les côtes du Groenland, vis-à-vis de l'Islande, les gens de l'équipage d'un vaisseau Danois, virent vers cinq heures du matin trois soleils l'un au-dessus de l'autre, dont l'éclat étoit si semblable qu'on pouvoit difficilement distinguer le véritable des deux autres. Ce phénomène fut suivi d'une violente tempête, qui chassa de côté & d'autre, dans une mer furieuse, le vaisseau pendant un jour & une nuit, après quoi il se réfugia sur les côtes d'Islande. (*Voyage au nord, ch.* 9. *tom.* 7. *des découvertes des Européens.*)

Le 8 décembre 1745, à Wilna en Lithuanie, on observa un phénomène de ce genre plus marqué & aussi brillant que ceux dont nous venons de parler. On vit le soleil à son lever surmonté d'une espèce de pyramide lumineuse & accompagné de deux faux soleils plus élevés & fort rouges, compris euxmêmes dans deux autres pyramides de lumière teintes des couleurs de l'iris, le rouge tourné vers le soleil. Ce phénomène dura environ deux heures. (*Mém. de l'acad. des scien. an.* 1745. *hist. pag.* 19.)

Lorsque ces météores se montrent dans des climats plus tempérés, il faut que les dispositions de l'air soient à peu près les mêmes. MM. Cassini étant le 7 décembre 1694, à la hauteur de Chiavari, sur la côte orientale de Gênes, à sept heures trente minutes; le soleil leur parut se lever à la pointe du cap Mesco, vingt minutes au moins plutôt qu'il ne devoit paroître; il avoit la figure d'une colonne de feu arrondie par le haut, & traversée d'un nuage qui se rétrécissoit à mesure qu'elle s'élevoit sur l'horison. Cette colonne prit ensuite la forme de deux soleils qui se touchoient, dont l'un étoit au-dessus de l'horison, & l'autre avoit au-dessous plus de la moité de son disque. Ils se séparèrent, & pendant que le véritable soleil s'élevoit, l'autre difparoiffoit en s'abaiffant infenfiblement.

§. XII.

Parafélènes.

La lune de même que le foleil réfléchit fon image fur des vapeurs ou des nuages qui fe trouvent en oppofition avec elle. Les phyficiens ont donné à ce météore le nom de parafélène. On le voit en pleine lune, non-feulement à fon lever & à fon coucher, mais même lorfqu'elle eft à fon apogée, parce que fes rayons ne font jamais affez actifs, pour diffiper les vapeurs qu'ils femblent plutôt raffembler que diffoudre : c'eft peut-être ce qui eft caufe que les parafélènes durent beaucoup plus long-tems que les parélies : la preffion de la lune fur notre atmofphère & fon mouvement régulier paroiffent fouvent contribuer plutôt à la denfité des nuages & à leur confervation, qu'à leur raréfaction.

Les paraſélènes ſe forment de même que les parélies, par l'incidence des rayons lumineux, ſur une matière diſpoſée à les réfléchir; ainſi l'explication du premier phénomène doit ſervir pour celle du ſecond. On en a remarqué dans tous les tems & avant qu'on ne ſût par quel méchaniſme elles ſe formoient : on les regardoit plutôt comme le pronoſtic de quelque événement futur, ordinairement plus ſiniſtre que favorable, que comme un effet naturel de l'incidence des rayons de la lune ſur un nuage léger, ou ſur des vapeurs réunies dans l'atmoſphère.

On a vu pluſieurs paraſélènes en même-tems, dont quelques-unes étoient d'un diamètre apparent beaucoup plus étendu que celui de la lune, & on y a remarqué des queues blanchâtres parallèles, ou perpendiculaires à l'horiſon, qui comme dans les parélies ſervoient à indiquer la direction dans laquelle les vapeurs s'étoient répandues dans l'atmo-

sphère. Les parasélènes se forment
indifféremment par les plus grands
froids, comme dans les saisons les
plus tempérées. On a même observé que celles de l'hiver étoient plus
brillantes, avoient des couleurs
plus marquées que celles du printems ou de l'été; sur-tout quand le
vent avoit été nord-est pendant quelque tems, & avoit dépouillé l'atmosphère de toutes les exhalaisons
grossières dont elle étoit chargée.
Alors la lune brille de tout son
éclat; ses rayons ont toute leur
activité, & leur réfraction doit
être plus marquée sur les nuages
qui les arrêtent. On sait que la lumière de la lune n'est jamais plus
vive que dans les plus grands froids,
lorsque le vent est nord & l'air sans
nuages. C'est sans doute cette disposition qui rend les parasélènes si brillantes dans les terres septentrionales.

On lit dans les actes de Leipsick, année 1684, que le trois février à huit heures & demie du soir,
le ciel étant serein & l'air très-froid,

on vit quatre traînées de lumière blanche qui partoient du disque de la lune, & formoient entr'elles quatre angles droits. De ces quatre traînées lumineuses, les deux qui étoient parallèles à l'horison se prolongèrent de part & d'autre en se courbant vers un même point, & sur les onze heures du soir elles formoient un cercle entier qui étoit aussi parallèle à l'horison. Le premier cercle étoit coupé en quatre endroits par deux autres cercles lumineux qui étoient concentriques entr'eux & à la lune, & à chaque point d'intersection il y avoit une parasélène, ce qui en faisoit quatre en tout. Il y en avoit deux autres à la circonférence du premier cercle, & disposées de manière qu'elles formoient un triangle équilatéral avec la lune. On voyoit au-dessus du plus grand des deux cercles concentriques, lequel étoit aussi le plus pâle, un arc qui le touchoit par sa convexité. Cet arc avoit à-peu-près les couleurs d'un arc-en-ciel secondaire, & il étoit portion d'un cercle égal au plus petit des deux cercles concentriques.

Les parasélènes les plus proches de la lune n'étoient pas bien terminées; on les eût prises pour des portions d'arc-en-ciel, & elles brilloient des plus vives couleurs. La lumière des autres parasélènes étoit plus foible à proportion de leur distance de la lune, & probablement parce qu'elles paroissoient dans une atmosphère plus basse, & dès-lors plus dense. Ce phénomène fut vu à Leipsick, à Dresde, à Halle en Saxe, à Erfort, à Breslau, il disparut & s'effaça successivement vers le milieu de la nuit.

M. Grandjean de Fouchi, observa un phénomène de cette espèce à Paris, la nuit du sept au huit mai 1735, vers les onze heures un quart du soir. L'air étoit chargé de vapeurs, & de quelques nuages, mais ces derniers étoient assez près de l'horison, & comme le vent étoit sud-ouest, & la lune au sud sud-est,

ils laiſſèrent quelque tems à l'ob-
ſervateur la liberté de conſidérer le
météore, & de déterminer la grandeur de ſes principales parties,
avec un aſtrolabe marin.

La lune étoit élevée d'environ
vingt-un degrés, elle paroiſſoit aſſez
claire, mais elle avoit une légère
couronne de rayons qui ſe réuniſ-
ſoient en deux bandes, l'une parallèle & l'autre perpendiculaire à
l'horiſon, & formoient une eſpèce
de croix blanche, dont les branches
après avoir diminué de largeur &
d'éclat diſparoiſſoient à douze degrés environ de diſtance de la lune.
À vingt-trois degrés du côté de l'o-
rient, dans la direction de la branche horiſontale de la croix, paroiſſoit la paraſélène compoſée d'une
lumière blanchâtre aſſez vive : la
partie tournée vers la lune étoit
ronde & aſſez mal terminée, celle
qui lui étoit oppoſée étoit moins
claire, & aboutiſſoit à une longue
queue de lumière ſenſible juſqu'à
dix ou onze degrés.

Par le milieu de la parasélène paffoit un cercle lumineux qui s'étendoit à une même diſtance autour de
la lune, juſqu'aux nuages près de
l'horiſon qui en déroboient la vue.
Ce cercle étoit d'une lumière très-
vive, ſur-tout dans ſa partie ſupérieure, où l'on pouvoit remarquer
un commencement d'arc renverſé.
La lumière de ce cercle n'éclatoit
que dans la largeur de deux à trois
degrés, après quoi elle diminuoit
inſenſiblement juſqu'à ſept ou huit
degrés qu'elle diſparoiſſoit. A vingt-
trois degrés & plus du cercle, c'eſt-
à-dire à quarante-ſept degrés ou
environ de la lune, il paroiſſoit
un ſecond cercle concentrique au
premier, mais d'une lumière très-
foible, & qui n'avoit pas plus de
deux degrés de largeur : ſon ſom-
met étoit élevé d'environ ſoixante-
huit degrés ſur l'horiſon. Ces deux
cercles n'étoient interrompus que
par les nuages, & le phénomène
dura dans cet état juſqu'à plus de
minuit que les nuages le dérobè-

rent à la vue. (*Voy. les mém. de l'acad. des sciences, an.* 1735. *pag.* 585.)

Ces deux observations faites dans des climats différens, l'une dans le fort de l'hiver & par un froid rigoureux, l'autre au milieu du printems, par un tems beaucoup plus doux, plutôt chaud que froid & dans un air humide, donnèrent des apparences & une lumière tout autrement modifiées, avec des variétés également curieuses, que l'on voit avoir été occasionnées par la disposition de l'atmosphère & la température de la saison.

Il parut en France le 20 octobre 1747, un météore de ce genre plus curieux que ceux dont nous venons de parler, en ce qu'il se montra à deux tems différens sous des apparences variées ; ce qui porte à conjecturer que plusieurs observateurs, placés à quelque distance les uns des autres, peuvent voir le même météore avec des accidens très-distingués.

Le ciel se couvrit le soir d'un
brouillard léger, à travers lequel
la lune paroissoit de couleur de feu.
A huit heures quarante minutes le
brouillard étoit dispersé, mais l'atmosphère resta obscurcie d'une nuée
blanchâtre : dans ce moment un
halo entoura la lune. On vit autour quatre segmens de cercles,
dont deux au-dessus du halo de dix
degrés de longueur étoient concentriques, & avoient leur centre
commun au zénith. Le segment de
l'arc, répondant à la partie boréale
du ciel, étoit de sept degrés, &
concentrique au grand cercle de la
lune, qui étoit le centre commun
de ces cercles, & d'où partoit la
lumière qui les éclairoit : enfin la
portion d'arc apparente sous le halo
& tournée du côté de l'horison,
étoit de douze degrés.

On remarquoit une parasélène
dans le halo qui le coupoit dans le
même plan que la lune paroissoit,
& qui avoit une queue de quatre
degrés qui s'étendoit jusqu'à la por-

tion de cercle de sept degrés du côté boréal du ciel. Le diamètre de la parasélène paroissoit de grandeur égale à celui de la lune ; ses couleurs étoient moins vives que ne le sont ordinairement celles des parélies , elles étoient effacées au côté qui répondoit à la lune : les vapeurs sur lesquelles se formoit l'apparence de la queue étoient si minces , que l'on distinguoit , à travers , les étoiles. La partie australe du phénomène étoit moins éclairée , & il n'y parut rien de remarquable.

C'est ainsi qu'on put observer ce phénomène jusqu'à neuf heures dix-huit minutes ; il fut caché alors par les nuages. Douze minutes après il se montra sous une forme nouvelle. Le grand cercle ou halo ayant la lune à son centre fut observé de nouveau , mais plus éclairé à la partie australe , & de ce côté on remarquoit un arc de quatre degrés concentrique au cercle de la lune ; & en même tems deux parasélènes

oppofées l'une dans la partie auf-
trale, l'autre dans la partie boréale,
fur la même ligne l'une & l'autre ;
elles n'étoient pas auffi bien éclairées que la première, mais le cercle l'étoit beaucoup plus. Ces apparences cefferent à neuf heures
quarante minutes, & le ciel devint ferein par degrés (*cours de phyfique, &c. par Muffenbroek, tom.* 3,
in- 4°. §. 2474.)

Nous ne rapporterons pas un plus
grand nombre d'obfervations fur
les parafélènes : on voit qu'elles
n'ont point d'autres caufes que les
parélies & qu'on peut en donner
les mêmes explications. La grandeur des uns & des autres paroit
égale à celle de l'aftre qu'ils repré-
fentent : mais leur figure varie de
tems en tems, car on en voit d'an-
guleux, leur éclat eft quelquefois
moins vif que celui de l'aftre, quelquefois il l'égale. Lorfqu'il en paroit plufieurs en même tems, les
uns font plus lumineux que les autres; dans les parélies on remarque

souvent les couleurs de l'arc-en-ciel , & une queue par où la lumière semble se continuer au-delà, en diminuant à mesure qu'elle s'en éloigne. Les parasélènes sont aussi quelquefois colorées , & aussi souvent elles ne se font remarquer que par une lumière blanchâtre assez terne. Quant aux cercles, soit concentriques , soit excentriques, que l'on voit autour du halo ou cercle principal , on peut les regarder comme les bords de nuages légers ou d'amas de vapeurs sur lesquels la lumière va se réfléchir , & auxquels on assigne une proportion déterminée , parce que c'est sous cette mesure qu'on se les représente & qu'on les fait envisager relativement aux cercles qu'ils avoisinent ou qu'ils partagent. Il en est de même des bandes ou lignes qui se croisent & produisent des variétés singulières dans ces phénomènes , des causes & de la nature desquelles il est de quelque utilité d'être instruit pour leur ôter tout

ce qu'ils préfentent de merveilleux
& d'étonnant, lorfqu'on les regarde
comme des fignes extraordinaires,
& non pas comme l'effet naturel
de la lumière des aftres réfléchie
fur les nuages ou les vapeurs qui
fe rencontrent en oppofition avec
eux dans l'atmofphère.

§. XIII.

Obfervations fur quelques au-tres phénomènes lumineux.

Le foleil à fon lever & à fon coucher produit des effets finguliers
de lumière qui ont exercé en tout
tems la curiofité des obfervateurs,
& que fouvent la crédulité des peuples a regardé comme la voix du
ciel qui s'expliquoit fur des évène-
mens futurs, dont il a marqué le
fuccès ou l'infortune par l'explication qu'il a donnée à ces prétendus
prodiges. Nous ne nous arrêterons
pas à réfuter les erreurs populaires

fur ce fujet : outre qu'elles font encore enveloppées dans les ténèbres
de l'ignorance où elles naquirent ;
les chofes ont tellement changé de
face, les connoiffances font fi répandues, il eft fi aifé de s'inftruire,
que les phénomènes de ce genre
les plus finguliers, font plutôt re-
gardés comme un effet naturel de
la lumière extraordinairement modifiée, que comme un pronoftic de
quelque évènement dans l'ordre
moral ; & le peuple s'en tient à
ce qui l'occupe aujourd'hui, à en
tirer des indices très - équivoques
de la pluie ou de la férénité de l'air,
de la gelée ou d'une température
plus douce.

Cependant il y a des régions où
le foleil ne fe lève prefque jamais
fans donner un fpectacle extraordinaire & frappant à ceux qui n'y
font pas habitués ; dans d'autres il
produit des phénomènes acciden-
tels qui tiennent à la difpofition de
l'air, nous allons en rapporter quelques exemples. Agatarchide, écri-

vain grec, qui vivoit environ 180 ans avant l'ère chrétienne, a fait une defcription de l'Afrique dont on trouve un extrait affez détaillé dans la bibliothèque grecque de Photius. Il y parle ainfi du lever du foleil dans les ifles fortunées de l'Arabie au-delà de Ptolémaïs, aujourd'hui *Suaquem*, port de la mer rouge, que l'on peut eftimer à une diftance à peu près égale de la ligne & du tropique du cancer. D'abord, dit-il, on ne voit point là comme chez nous, la lumière ou le jour le matin avant que le foleil paroiffe, & qui accoutume infenfiblement les yeux à fon éclat; mais auffi-tôt que les ténèbres de la nuit font diffipées, le foleil brille & le jour s'établit en même tems que cet aftre eft vifible fur l'horifon. On croiroit que le foleil fort du milieu de la mer : il paroît femblable à un brafier enflammé qui jette des étincelles ardentes dans le cercle qu'il décrit & quelques - unes au-delà. Il ne fe préfente pas d'abord sous une forme ronde , mais on le voit comme une colonne épaisse , dont le haut est un peu plus rempli & en est comme la tête. Dans les premiers instans ses rayons semblent concentrés & retenus au milieu du foyer ; pendant toute la première heure , il ne se montre que comme un feu sombre environné de brouillards ; mais à la seconde heure on le voit dans tout son éclat comme un bouclier étincelant qui renvoie sur la terre & sur la mer une lumière si brûlante & si vive, que l'on ne connoit en aucun autre climat du monde de semblables effets du soleil & aussi frappans. C'est du soleil d'Afrique que parle cet ancien auteur , qui dès-lors, comme de nos jours, brûloit la plûpart de ces terres , plutôt qu'il n'y répandoit une chaleur bienfaisante. Mais à son coucher , ajoute le même auteur , il se montre d'une toute autre manière ; car après qu'il s'est plongé sous l'horison , il renvoie pendant trois heu-

res une lumière moins ardente ,
mais très-pure, brillante encore ,
quoique fort douce. Ce tems du
foir eſt, felon les habitans du pays,
le plus agréable de la journée, parce
qu'alors la chaleur y eſt plus fup-
portable (*a*). On peut juger par la
dernière partie de cette defcription
de l'effet de la lumière fur l'atmofphère fèche & brûlante de l'Afrique. Le mouvement qu'y a imprimé le foleil y conferve plus long-
tems que par-tout fon activité ; il
faut un affez long efpace de l'ab-
fence de cet aftre , avant que les
vapeurs s'y condenfent & perdent
la chaleur & le mouvement, principes de lumière que le foleil leur
avoit communiqués. Nous avons
parlé ailleurs des effets de la température de ce pays , nous ne de-

---

(*a*) Diodore de Sicile , l. 3. n. 24. cite
ce phénomène dans les mêmes termes à-
peu-près qu'Agatarchide , & fans doute
après lui.

vons nous occuper ici que du phénomène lumineux qui doit être
une singularité de cette région, ou
cependant les crépuscules devroient
être aussi courts qu'ils le sont par-
tout aussi près de la ligne.

Le pere Feuillée, voyageant sur
les bords du fleuve de la Plata en
Amérique, & observant le soleil à
son lever, remarqua dans la partie
du ciel qui répondoit à cet astre,
des nuages élevés, rares, parallèles
à l'horison, par les intervalles desquels on voyoit le ciel azuré. Trois
minutes après, le soleil se leva au-
dessus du fleuve, & alors on ne
pouvoit pas encore distinguer son
limbe inférieur; en s'avançant sur
l'horison il formoit une colonne lumineuse qui partoit du limbe supérieur, se portoit directement vers
la terre & empêchoit de distinguer
le limbe inférieur. La largeur de
cette colonne étoit égale à celle du
disque du soleil, & subsistoit encore lorsqu'il étoit à six degrés d'é-
lévation; elle prit ensuite une for-

me conique dont la bafe étoit tournée vers la terre, & dont le fommet aboutiſſoit au limbe fupérieur
du foleil. A mefure que les nuages
fe diffipèrent, le phénomène difparut. Cette même apparence fe
fait remarquer affez fouvent au lever du foleil & à fon coucher; on
voit alors une trace lumineufe ou
efpèce de queue perpendiculaire à
l'horifon, de même largeur que le
difque du foleil, de neuf ou dix
degrés de longueur & quelquefois
plus. Cette efpèce de météore fe
forme lorfque le foleil fe trouve
couvert de petits nuages parallèles
à l'horifon de peu de denſité, qui
reſſemblent alors à des petites
bandes noires déchirées vers leurs
bords, & qui n'empêchent pas que
le foleil ne brille de tout fon éclat.
Les vapeurs ainfi modifiées paroiffent attachées au difque de l'aftre,
ainfi que l'obferva M. de la Hire
le 11 mai 1702. Ellis fit les mêmes obfervations à la baie de Hudfon en 1741.

Des petits nuages ainsi disposés
peuvent occasionner des phénomènes qui se présentent sous une forme merveilleuse , quand ils se
trouvent en opposition avec le disque du soleil ou celui de la lune.
C'est pour cette raison que l'on vit
le 17 mai 1677, une croix blanche
dans la lune , dont une des branches étoit parallèle à l'horison &
l'autre perpendiculaire , leur longueur étoit d'environ douze degrés. C'est de cette manière que se
forma la croix lumineuse que Cons-
tantin vit en l'air au-dessus de la
campagne de Rome en 312 , &
qui , eu égard aux circonstances où
il se trouvoit , devint le présage
heureux de la victoire qu'il rem-
porta sur Maxence.

Plus on rassemblera d'observations sur ces météores, & plus on
sera persuadé , en les comparant les
uns avec les autres , ainsi que nous
l'avons fait , que par-tout leurs apparences tiennent à l'état de l'air,
à la quantité de vapeurs dont il

est chargé, à leurs modifications
& aux effets des rayons de lumière;
qu'ils sont nécessaires & naturels
dès que les circonstances propres à
les produire se trouvent réunies;
que ces phénomènes assez différens
les uns des autres en apparence,
sur-tout par le nombre des parties
qui les composent, ne sont jamais
effectivement que le même phénomène, & que ce qui les fait paroître différens entr'eux, ce sont
des parties qui manquent à quelques-uns, parce qu'en ces endroits
il ne s'est point trouvé de matières
propres à les produire, ou parce
que les couleurs y sont trop foibles
ou obscurcies par d'autres endroits
voisins trop éclairés, ou enfin parce
que dans les endroits douteux l'observation a été imparfaite. Ces réflexions fondées sur l'expérience
suffisent pour rendre raison des variétés qui se trouvent dans les météores dont nous venons de parler.

Les observations suivantes ont
pour objet des phénomènes singu-

liers qui dépendent des dispositions accidentelles de l'atmosphère; ils tiennent à l'espèce des météores emphatiques, quoiqu'ils en soient distingués par quantité de circonstances.

On trouve dans la *magie naturelle* du père Scotto jésuite, la description d'un météore emphatique qui ne paroît que rarement, dont on suppose que la matière est répandue dans l'air, & dont les apparences se peignent à la surface de la mer. Cette description singulière est tirée d'une lettre du père Ignace Angelucci, écrite de Regio en Calabre au père Kirker, qui étoit alors à Rome, le 22 août 1643. On donnoit dans ce tems à ce météore le nom de Fée Morgane (*Fata Morgana*) c'est le titre que l'on a donné à la description qui en est imprimée à la tête des réflexions sur l'aurore boréale par M. l'Abbé Conti (*a*).

____

(*a*) *Rifleſſioni ſu l'aurora boreale*, &c. *in-4°. Veneʒia*, 1739.

Je

Je laisse les réflexions pieufes du père Angelucci fur le rapport que pouvoit avoir ce météore avec la folemnité du 15 du mois d'août, jour auquel il obferva au foleil levant le phénomène dont il parle au père Kirker, je paffe tout de fuite à fa relation.

La mer qui baigne la Sicile, fe gonfla au point de devenir dans l'efpace d'environ dix milles de longueur, comme le dos ou le fommet allongé d'une montagne fort obfcure, & celle qui s'étend le long des côtes de Calabre, s'applanit & parut dans un moment comme un grand miroir de cryftal tranfparent, dont le haut s'appuyoit fur cette montagne d'eau, & le pied fur le rivage de la mer de Calabre. On vit d'abord fur ce miroir d'un clair obfcur, une file de plus de cent mille pilaftres, auffi larges & auffi hauts les uns que les autres, tous à diftances égales, éclatans de la même lumière, féparés par des ombres femblables,

& entre chacun d'eux l'enfoncement paroiſſoit être le même. Un
peu après ces pilaſtres diminuèrent
de la moitié de leur hauteur, ſe
courbèrent en arc , & prirent la
forme des aqueducs que l'on voit
dans la campagne de Rome , ou
des portiques du temple de Salo-
mon : le reſte de la mer continua
de ſe montrer comme un miroir
fort uni , juſqu'à l'eſpèce de montagne formée vers les côtes de Sicile.
Peu après le ſpectacle changea & devint plus riche , il ſe forma ſur toute
la longueur de ces arcades une grande corniche ſur laquelle s'éleva peu
après une longue ſuite de châteaux
tous d'une même forme & d'un
même travail. Les châteaux & les
tours ſe changèrent enſuite en une
décoration en colonnade ; peu après
ce théatre s'étendit , & préſenta
deux fonds de perſpective très-pro-
fonde , qui ſe changèrent après en
une longue façade de dix rangs de
fenêtres qui diſparut bientôt , &
fut remplacée par une forêt de pins ,

de cyprès d'égale hauteur & d'autres arbres. Enfin tout ce spectacle
singulier s'évanouit, & un petit vent
frais ne laissa plus voir que la surface de la mer légèrement agitée.
Ce sont ces apparences brillantes
& si changeantes auxquelles on
donne ici le nom de *Fée Morgane*,
dont la description m'avoit toujours paru fabuleuse, que j'ai enfin
vue plus variée & plus magnifique
encore qu'on ne me l'avoit dépein-
te. Je crois encore, ajoute l'observateur, qu'il est vrai qu'elle se
montre sous l'apparence de diverses couleurs répandues dans l'air,
locales & changeantes, plus vives
& plus belles que tout ce que l'art
peut exécuter de plus parfait, même au-dessus des spectacles fixes &
ordinaires de la nature. J'en suis
d'autant plus persuadé, que je n'ai
jamais vû d'effet aussi brillant du
clair obscur que celui dont je viens
d'être témoin. (sans doute qu'il indique les aurores boréales du nord).
Il finit par demander au père Kir-

T ij

ker de l'inftruire fur l'art qu'emploie l'ouvrier admirable qui produit ces merveilles , & fur la matière dont il fe fert pour donner
avec tant de rapidité des variations
fi étonnantes & un fpectacle fi magnifique.

Le père Scotto , qui a rapporté
la lettre dont nous venons de donner la traduction , fait à la fuite
l'extrait de la réponfe du père Kirker. Le docte jéfuite affigne la
caufe de toutes les merveilles obfervées par le père Angelucci à la
configuration des terres qui-bor-
dent la mer de Sicile vis-à-vis de
la Calabre ; on y voit un terrein
élevé fous le nom de *Jinna* , d'une
teinte obfcure , qui fe termine au
promontoire de Pélore , aujour-
d'hui *Capo di Faro*. Les bords de ce
terrein & le fond de la mer , font
couverts d'une efpèce de gravier,
où l'on trouve beaucoup de féléni-
tes , d'antimoines , & de matières
vitrifiées tranfparentes , & la plupart affez éclatantes, qui y font en-

traînées par les eaux des pluies, &
celle des ruisseaux qui coulent des
montagnes voisines où ces minéraux
font fort abondans. Ces matières
détrempées par les eaux de la mer,
& mises en effervescence par le
fluide ignée & la chaleur du soleil,
se décomposent & se divisent en
exhalaisons très-atténuées, qui s'é-
lèvent dans l'atmosphère avec les
vapeurs aqueuses, s'y répandent &
y forment des traînées ou des bandes séparées les unes des autres,
peut-être à diverses hauteurs, par
des courans de vapeurs plus condensées, & prennent relativement
au cours de l'air une sorte de difposition fixe qui en forme un miroir à différentes faces égales, qui
pour le moment est de la plus grande perfection. Ce miroir aërien,
qui, par rapport au spectateur,
change souvent de situation, réfléchit à chaque changement l'i-
mage de nouveaux objets. Une
seule colonne placée sur un des
rivages de la mer du côté d'où ve-

T iij

noit la lumière, a pu par ſes réflexions multipliées ſur les diverſes
faces du miroir , préſenter une
multitude de colonnes à la ſuite les
unes des autres; ainſi qu'un corps
quelconque placé entre deux miroirs droits, qui ſont en oppoſition,
préſente une longue ſuite d'objets
ſemblables. C'eſt par la même raiſon que l'image d'un homme placé
entre divers nuages tranſparens,
qui la réfléchiſſent, peut être mul-
tipliée au point de donner l'apparence d'une armée aërienne. On
peut concevoir la même choſe
des arbres , des troupeaux , des
maiſons. Quant aux variétés de ce
ſpectacle qui préſente des colonnes,
des arbres, des châteaux ou d'autres objets, elles ſont occaſionnées
par la poſition de l'œil, relativement aux ſurfaces de ce miroir
mobile formé de vapeurs & d'exhalaiſons ſuſpendues en l'air, qui
change continuellement, & qui
ſelon les règles des angles d'incidence & de réflexion, repréſentent

à l'œil différens objets multipliés & réfléchis fous divers angles. On ne s'étonnera même pas que cette matière fpéculaire puiffe être portée dans l'air, & s'y réunir en couches de manière à repréfenter les objets, fi on fait attention à des matières plus pefantes, & d'un volume plus confidérable qui fe diffperfent en l'air que l'on trouve renfermées dans les grains de grêle, ou qui retombent avec les pluies, ou qui font portées au loin par les vents.

Telle fut l'explication que donna le P. Kirker de l'efpèce de météore vu par le P. Angelucci. Mais le miroir aërien, à l'aide duquel il explique tout ce que ce phénomène préfentoit de merveilleux, n'eft-il pas imaginaire? & à s'en rapporter à la lettre de la defcription, les colonnades, les châteaux, les arbres, n'étoient-ils pas multipliés fur la furface même de la mer? n'étoient-ce pas les ombres très-étendues & réfléchies fur les

T iv

plis inſenſibles des eaux, de quelques corps placés entre l'eſpace où ils ſe peignoient & le ſoleil, à meſure qu'il s'élevoit ſur l'horiſon? Cet aſtre peut donner le même ſpectacle à ſon coucher; je l'ai vu quelquefois à Veniſe, l'air étant calme & ſerein, la mer tout-à-fait unie, me promenant en gondole au-delà de la partie occidentale de la ville, entre Murano & les rivages qui lui ſont oppoſés. Alors on voit ſucceſſivement les figures multipliées des arbres, des maiſons, des animaux mêmes qui ſe trouvent ſur les rivages de la mer qui en ſont aſſez éloignés. La décoration change à meſure que le ſoleil s'abaiſſe, les ombres s'allongent, & on voit les mêmes apparences auſſi loin que la vue peut s'étendre ſur une mer libre & tranquille. Enfin toutes images diſparoiſſent, & on ne voit plus que de grands & larges rubans de différentes couleurs, dont la ſurface de la mer paroît couverte, & dont les teintes s'affoibliſſent à meſure que la lumière du jour diminue. Toutes ces apparences ſe forment à la ſuperficie des eaux, ſans qu'il ſoit néceſſaire d'imaginer en oppoſition aucun miroir aërien, dont les réflexions unies avec celles des eaux multiplient les objets à l'infini. On doit remarquer encore que ces phénomènes ne paroiſſent que le matin & le ſoir, lorſque l'air eſt le plus condenſé, ce qui leur donne un rapport plus ſenſible avec les autres météores emphatiques.

Ces ſortes de ſpectacles ſont faits pour frapper les imaginations aiſées à s'échauffer : elles y découvrent tout ce qu'elles prétendent y voir. Les apparences que prennent ſouvent les nuages ne ſont-elles pas capables de donner les idées les plus ſingulières à un peuple ignorant & déſœuvré qui s'occupe des formes biſarres qu'il y remarque, & des effets ſinguliers de lumière qui peuvent s'y rencontrer. Il ne faut qu'un homme en quelque cré-

T v

dit dans fa nation, qui affure découvrir dans cet état du ciel, d'ordinaire affez tranquille, quelque
pronoftic effrayant, pour en perfuader la multitude, & porter l'al-
larme dans tous les efprits. Les fau-
vages de la Louifiane, tout grof-
fiers qu'ils font, ne font pas exempts
de ces vifions chimériques; on en
jugera par le fait fuivant.

Vers la fin du mois de mai 1726,
dans le pays des Natchez, au trente-
deuxième degré environ de latitude, le foleil fut caché toute une
journée, de grands nuages très-dif-
tincts les uns des autres. Ils ne
laiffoient qu'en peu d'endroits affez
de vuide entr'eux pour permettre
de voir l'azur du ciel, & le foir ils
fe réunirent de façon à le couvrir
entiérement : cependant on diftin-
guoit leurs contours différens, &
ils paroiffoient à une grande élévation. L'air avoit été très-calme pendant tout le jour.

Le foleil fe montra un inftant
avant que de fe coucher dans un

petit espace découvert entre les nuages & l'horison, le tems continuoit d'être beau & tranquille : peu après tous les nuages devinrent lumineux, & réfléchissant la lumière, ils se teignirent de toutes sortes de couleurs. Le contour de la plupart sembloit être bordé d'or, d'autres n'en avoient qu'une foible teinture ; il seroit très-difficile de décrire toutes les beautés que ces couleurs variées présentoient à la vue, mais le tout ensemble faisoit le plus beau coup-d'œil qu'il fût possible de voir. L'observateur dit qu'il étoit alors tourné du côté du levant ; & dans le même-tems que la lumière réfléchie du soleil formoit cette décoration, il avançoit de plus en plus & se cachoir sous l'horison. Quand il fut assez bas pour que l'ombre de la terre pût paroître sur la convexité des nuages, un voile obscur s'étendit du nord au sud, & cacha la lumière qui éclairoit les nuages vers le levant : il les obscurcit sans empêcher

qu'on ne les diftinguât parfaitement, enforte que tous ceux qui
fe trouvoient fur cette ligne étoient
lumineux d'un côté & fombres de
l'autre. Ce charmant fpectacle, de
même que tous ceux qui frappent
fi fort les fens , & dont on ne vou-
droit jamais voir la fin, dura très-
peu. (*Hift. de la Louifiane* , tom. 1.
pag. 194. *Paris* 1758.

Quoique ce phénomène n'eût
rien que de tranquille , qu'il ne fût
remarquable que par les effets variés de la lumière du foleil couchant , il effraya les naturels de la
Louifiane. Nous avons vu dans la
théorie générale de l'air (*tom.* 2.)
combien ces peuples redoutent les
orages qui font rares , mais prefque
toujours défaftreux dans les régions
qu'ils habitent. Leur ignorance fur
les phénomènes de la nature ne leur
préfente les météores un peu extraordinaires , l'état du ciel plus
fombre ou plus brillant qu'il n'a
coutume de l'être , que comme le
préfage de quelque accident finif-

tre. Sans doute que dans notre hémisphère on ne leur attache pas
tant d'importance, les ténèbres de
l'ignorance n'y font pas si généralement répandues, mais certains
traits de reſſemblance qui ſe trouvent dans tous les peuples de la terre, quels que ſoient leurs inſtitu-
tions & leurs mœurs, noûs apprenn-
nent que les préjugés populaires ſur
les ſignes qui paroiſſent au ciel,
ſont très-communs & ont encore
beaucoup de force : mais on n'oſe
en convenir, lors même que l'on
s'y abandonne.

Au reſte, ces phénomènes ſont
ſi multipliés, que l'on peut aſſurer
que chaque région a les ſiens qui
lui ſont particuliers. Mais comme
leur apparence dépend de la température de l'air & des ſubſtances
légères qui y ſont accidentellement
répandues, il peut ſe faire que des
circonſtances extraordinaires les modifient de manière à produire quelquefois des météores inconnus,
dès-lors plus capables d'étonner

ceux qui les verront de plus près, qui s'en trouveront enveloppés, & de leur causer des révolutions dangereuses. Quel seroit la surprise des peuples s'ils étoient témoins des phénomènes singuliers que l'on observe dans la partie de l'Afrique qui s'étend entre le royaume de Tripoli & celui de Barca, vis-à-vis le golfe appellé les Seiches d'Afrique, que les anciens nommoient *les Syrtes*. Ce pays désert n'est fréquenté aujourd'hui que par quelques Arabes vagabonds, qui n'y ont aucun établissement fixe. Diodore de Sicile (*a*) nous apprend ».qu'en tout tems, mais sur-tout » lorsqu'il ne fait point de vent, » l'air y paroît rempli de figures » d'animaux, dont les unes sont » immobiles & les autres semblent » se remuer ; quelques-unes parois-

---

(*a*) Hist. univers. de Diodore de Sicile, trad. de l'abbé Terrasson, tom. 1. l. 3. n. 26. *in-*12. Paris 1737.

» sent fuir, & d'autres poursuivre
» ceux qui marchent ; mais elles
» sont toutes d'une grandeur ex-
» traordinaire, & rien n'est plus
» capable d'effrayer ceux qui ne
» sont pas faits à ce spectacle : car
» quand elles tombent sur les pas-
» sans, elles leur font sentir une
» espèce de palpitation, avant que
» de les glacer par leur humidité.
» Ce phénomène épouvante les
» étrangers, mais les habitans du
» pays essuyent cette incommodité
» sans s'en mettre en peine. » On
a crû trouver la cause physique de
ce fait extraordinaire dans le calme
qui règne ordinairement dans l'atmosphère de cette contrée.

   » Il ne souffle point de vent dans
» ce pays, ou s'il en souffle quel-
» qu'un ce ne peut être qu'un vent
» foible : c'est pourquoi l'air y est
» toujours dans une grande tran-
» quillité. D'ailleurs n'y ayant dans
» les environs ni bois, ni collines,
» ni vallées, ni rivières, & la terre
» ne produisant point de fruits,

» il ne s'y engendre par conséquent
» point de ces vapeurs, qui font
» ailleurs le principe & la cause de
» tous les vents. Ce repos de l'air
» le rend extrêmement épais : ainsi
» les nuées qui y sont poussées des
» pays circonvoisins, trouvant une
» espèce de résistance, prennent dif-
» férentes formes, & se pressent les
» unes contre les autres ; comme
» nous voyons qu'il arrive ici dans
» les tems pluvieux & agités. Dès
» que ces nuées ont passé dans cet
» air tranquille, leur poids les fait
» tomber vers la terre dans la figure
» où elles se trouvent, & elles sui-
» vent l'impression que leur donne
» le premier corps vivant qui s'en
» approche. Car il ne faut pas s'i-
» maginer que le mouvement qu'el-
» les paroissent avoir, parte d'une
» volonté qui soit en elles : mais
» les hommes ou les bêtes qui mar-
» chent, les poussent devant eux,
» ou les font suivre avec l'air qui
» les environne, & qui entraîne
» aisément des substances si légères;

» & lorsqu'ils s'arrêtent & revien-
» nent sur leurs pas, il n'est pas
» étonnant que leur rencontre su-
» bite décompose ces figures qui les
» inondent en se détruisant. »

Nous ne tenterons pas de donner
une explication plus détaillée de
ce phénomène, celle que rapporte
Diodore de Sicile paroissant avoir
été faite par des observateurs in-
telligens. Nous ajouterons seulement que si le pays où cette espèce
de météore se forme nous étoit plus
connu, il n'est pas douteux que
l'on n'y découvrît une quantité
d'autres phénomènes singuliers,
qui tiennent aux dispositions ha-
bituelles de son atmosphère, dont
nous ne pouvons pas nous faire une
idée, puisque ces calmes de terre
sont tout-à-fait inconnus dans nos
contrées. On ne pourroit retrouver
quelque chose d'approchant que
dans l'état des nuages, aux sommets des plus hautes montagnes du
monde qui pénètrent jusqu'à cette
région de l'air où les vents ne s'é-

lèvent que rarement, & où dès-
lors les calmes doivent être plus
fréquens. Quant au mouvement de
ces nuages figurés, rien n'y reſſem-
ble plus que celui des feux folets
dont nous parlerons dans le neu-
vième tome de cette hiſtoire.

Fin du tome ſeptième.

LIVRES NOUVEAUX

Qui se trouvent chez SAILLANT & NYON, Libraires à Paris.

Hᴉsᴛᴏɪʀᴇ des douze Césars de Suétone, en latin & en françois, traduction de M. Henri Ophellot de la Pause, avec des mélanges philosophiques & des notes. *in-8.* 4 vol. *très-belle édition.*

Bibliotheque des anciens Philosophes. *in-12. 9 vol.*

Poésies sacrées, pour l'éducation des jeunes personnes. *in-8. avec* les airs notés.

Tomes XIII & XIV de l'Histoire du Bas-Empire, de M. le Beau.

Élémens d'Histoire de France, de M. l'Abbé Millot. *nouv. édit. in-12. 3 vol.*

Histoire de Charles V, de Robertson. *in 4. 2 vol.*

La même. *in-12. 6 vol.*

Inftituts de Juftinien. *in-12. 7 vol. nouv. édit.*

Loix Eccléfiaftiques, de M. d'Héricourt. *nouv. édit. augmentée confidérablement.*

Extrait des Epîtres de Séneque, de M. Sablier. *1 vol. in-12.*

Maladies des Enfans, *trad.* de Wanfwieten, par M. Paul. *1 vol.*

Table de la Matière Médicale, de M. Geoffroi. *in-12. 1 vol.*

Jurifprudence de Guy-Pape. *in-4. 1 vol.*

Hiftoire de l'ancien & du nouveau Teftament, de Calmet. *in-12. 5 vol.*

Suite de François I, tomes V, VI & VII, & une nouvelle édition. *8 vol. in-12.*

Manuel du Chrétien en françois, contenant, en un feul volume *in-18.* le nouveau Teftament, le Pfeautier & l'Imitation. *nouv. édit. très-belle.*

Dictionnaire de Droit Canonique. *in-4. 4 vol.*

Dictionnaire Philofopho-Théologique. *in-8. 1 vol.*

Inftitution au Droit Canonique.
in-12. 10 *vol.*

Hiftoire des Caufes premieres, &
Ouvrages Grecs d'Ocellus Luca-
nus, de Timée de Locres, & de
la Lettre d'Ariftote à Alexandre,
traduits par M. l'Abbé Batteux.
2 *vol. in*-8.

La Henriade de M. de Voltaire.
in-8. 2 *vol. gr. pap. avec de très-
belles Vignettes & Eftampes.*

Lettres d'un François nommé Bru-
tus. *in*-8. 1 *vol.*

De la maniere d'apprendre les Lan-
gues, par M. l'Abbé de Radon-
villiers. *in* 8. 1 *vol.*

Hiftoire d'Angleterre, de M. Humes. *in* 4. 6 *vol. nouv. édit.*

La même. *in*-12. 18 *vol.*

Hiftoire d'Angleterre, depuis le
Traité d'Aix la-Chapelle, jufqu'à la Paix de 1763, par M.
Targe, fervant de fuite à celle
de M. Humes. *in*-12. 5 *vol.*

Rhétorique Latine, de M. Crevier.
nouv. édit.

Rhétorique Françoife, du même.
2 *vol.*

Tomes V & VI du Tableau Historique des Gens de Lettres.
Tome VI de l'Abrégé *de l'Histoire
de France*, de M. l'Abbé Velli.
Dictionnaire d'Architecture nava-
le, civile & militaire. *in 4. 3 vol.
avec beaucoup de figures.*
Nouvelle édition du Dictionnaire
de Trévoux, proposée par souf-
cription.
La Banque rendue facile, par Gi-
raudeau. *nouv. édit. in-4. 1 vol.*
Dictionnaire Anglois & François
de Boyer. *in-4. 2 vol. nouv. édit.*
Le même. *2 vol. in-8.*
Dictionnaire Italien & François,
d'Antonini. *in-4. 2 vol. nouv. éd.*
Iliade d'Homère en vers françois,
par M. de Rochefort de l'Acad.
in-8. 4 vol.
Inftitution au Droit de légitime.
2 vol. in-12.
Juftice des Seigneurs. *in-4. 1 vol.*
Tome VI des Œuvres de M. d'A-
gueffeau. *in-4.*
Méthode du Blazon. *nouv. édit.
augm. in-8. 1 vol.*

Manuel Forestier. *in-12. 1 vol.*

Géographie de Crozat. *nouv. édit.*

Vente des Immeubles, de M. d'Héricourt. *in-4. nouv. édit.*

Géographe Parisien. *in-8. 2 vol.*

Histoire de Picardie. *in-12. 2 vol.*

Histoire de France de Velli, dédiée au Roi. *in-4. 10 vol.*

Bibliotheque de Madame la Dauphine. *in-8. 1 vol. fig.*

Deuxieme Partie de l'Art du Menuisier, de l'Académie des Sciences. *in-fol.*

Deuxieme & troisieme Section de l'Orgue. *in-fol.*

Art du Brodeur. *in-fol.*

Art de l'Indigotier. *in fol.*

Art des Pêches, de M. Duhamel. *3 sections.*

Histoire d'Italie, de l'Abbé Richard. *in-12. 6 vol. nouv. édit.*

Traité des Substitutions, de M. d'Aguesseau. *in-4. 1 vol.*

Questions de Rodier. *in-4. 1 vol.*

Mélanges de Littér. d'Histoire, &c. par M. d'Orbessan. *in-8. 4 vol.*

Coutume de Toulouse. *in-4. 1 vol.*

Philofophie de la Nature. *in*-12.
3 *vol. fig.*

Voyage aux Ifles Malouïnes. *in*-8.
2 *vol. fig.*

Hiftoire Eccléfiaftique de Fleuri.
in-12. 40 *vol. nouv. édit.*

La même. *in* 4 37 *vol. nouv. édit.*

Effai Analyt. fur les facultés de
l'ame, de Bonnet, *in*-8. 2 *vol.*

Hiftoire de l'Eglife de Lyon. *in*-4.
1 *vol.*

Traduction d'Æfchyle. *in*-8. 1 *vol.*

Confidérations Philofophiques.
in-8. 1 *vol.*

Philofophie Naturelle, *trad. de
l'Anglois.* 2 *vol. in*-12.

Dictionnaire des richeffes de la
langue Françoife. *in*-8.

Alcoran de Mahomet, traduit par
Duryer. 2 *vol. in*-12.

Recherches fur l'entendement humain. 2 *vol. in*-12.

Principes Philofophiques. *in*-12.

Lettres d'un Américain.

Choix varié de Poëfies. 2 *vol. in*-12.

Defcription de Surinam. 2 *vol. in*-8.

Fin du Catalogue.

TABLE
DES MATIERES
DU TOME SEPTIEME.

A

Tom. VII. V

F

G

H

J

N

O

R

Fin de la Table du Tome ſeptième.

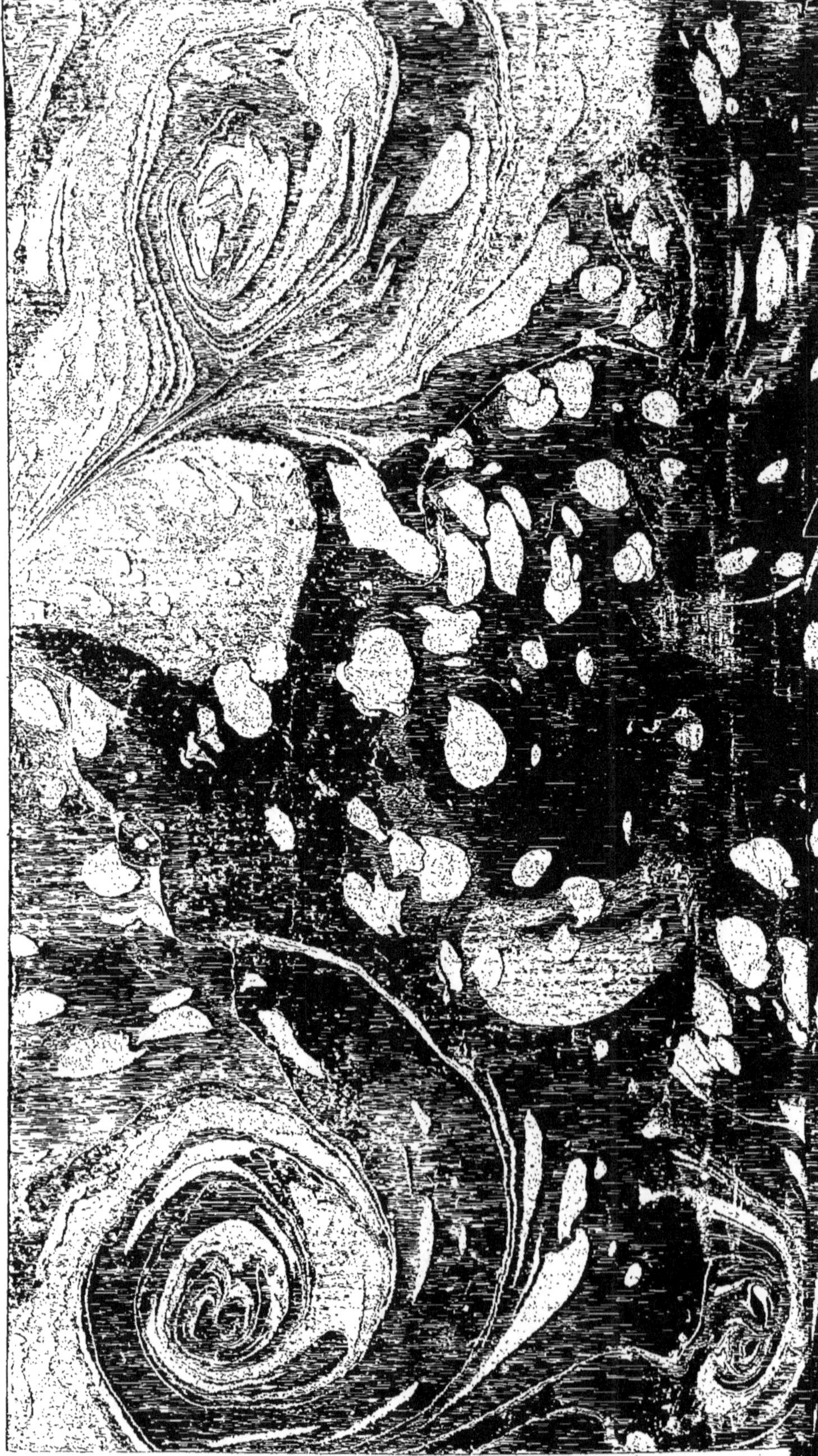

www.ingramcontent.com/pod-product-compliance
Lightning Source LLC
Chambersburg PA
CBHW051226050726
47594CB00001B/51